8596

Conserve en Couverture

ANNÉE 1883-1884

DÉPARTEMENT DE L'EURE

THÈSE AGRICOLE

SOUTENUE

PAR M. FAUSTIN DE GONFREVILLE

A L'INSTITUT AGRICOLE

de BEAUVAIS (Oise)

PARIS

IMPRIMERIE DE LA SOCIÉTÉ DE TYPOGRAPHIE

NOIZETTE, DIRECTEUR

8, RUE CAMPAGNE-PREMIÈRE, 8

1884

43

ANNÉE 1883-1884

DÉPARTEMENT DE L'EURE

THÈSE AGRICOLE

SOUTENUE

PAR M. FAUSTIN DE GONFREVILLE

A L'INSTITUT AGRICOLE

de BEAUVAIS (Oise)

PARIS

IMPRIMERIE DE LA SOCIÉTÉ DE TYPOGRAPHIE

NOIZETTE, DIRECTEUR

8, RUE CAMPAGNE-PREMIÈRE, 8

1884

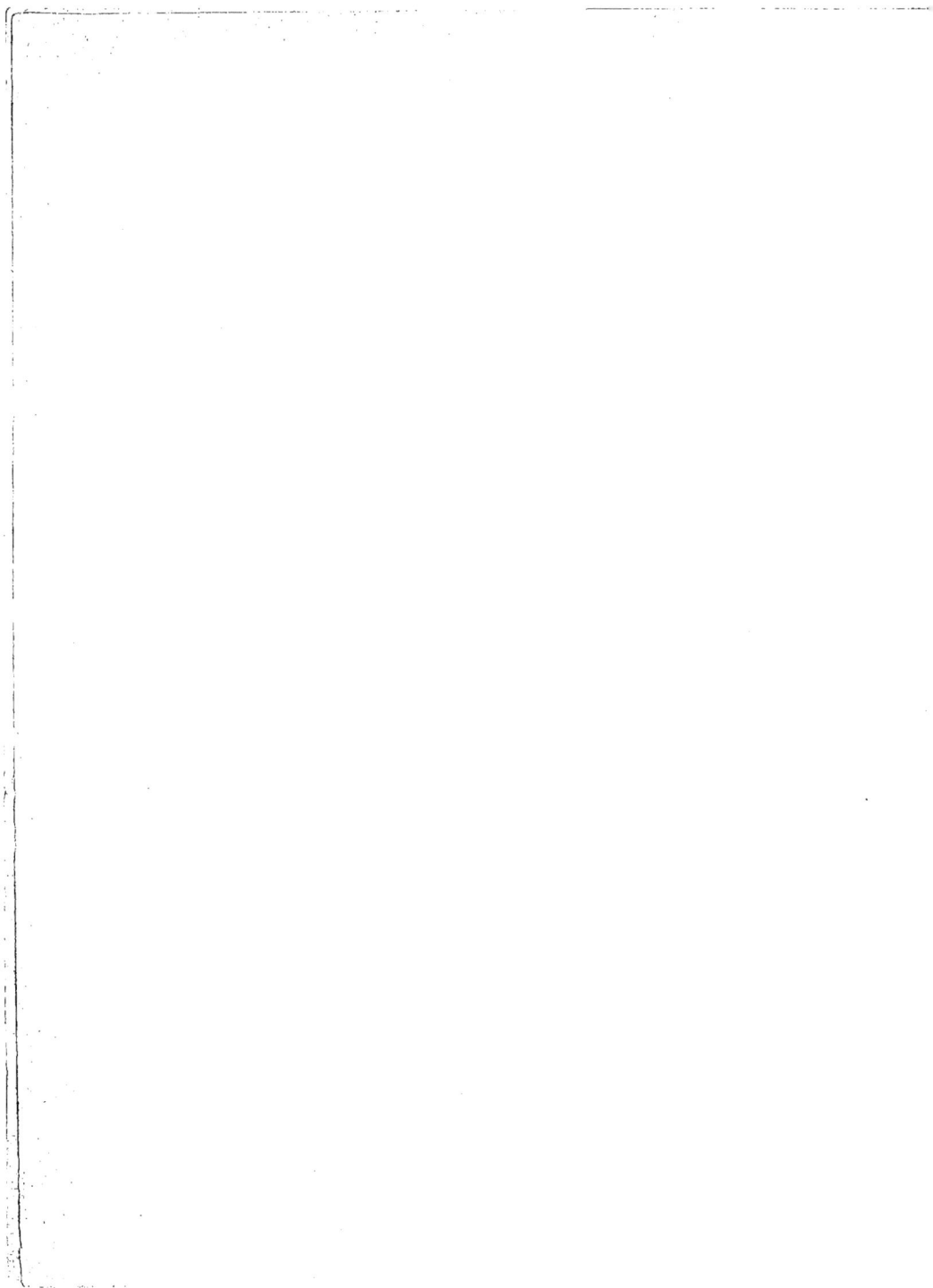

QUESTIONS POSÉES

Vous possédez à Romilly-sur-Andelle (Eure), à titre de propriétaire, une ferme de 176 hectares dont :

125 terres labourables ;
47 prairies irriguées ;
6 non irriguées.

En plus 100 hectares de bois et 8 de larris.

Une rivière traverse ou borde les prairies.

Un chemin de fer important est à 15 minutes de distance.

La main-d'œuvre est rare et chère.

Bâtiments neufs.

Discutez votre système d'exploitation et les systèmes financiers que vous espérez obtenir au bout de trois ans.

Questions à détailler et à discuter dans le cours de la thèse.

Droit. — Une partie des prairies seulement est bordée par la rivière et le niveau de cette rivière est plus bas que le sol de la prairie. Comment pouvez-vous alors irriguer?

Génie rural. — Moyen et travaux pratiques à faire pour créer une prairie irrigable.

Amélioration et entretien des chemins d'exploitation.

Zootechnie. — Ration d'engraissement et système d'engraissement. — Système d'élevage. — Inoculation de la péripneumonie.

Horticulture. — Dans vos excellentes terres attenantes aux bâtiments, comment entendrez-vous l'établissement d'un jardin potager, fruitier pour les besoins de la maison et la vente des produits supplémentaires ?

Dans vos prairies, comment entendrez-vous la culture d'arbres que le commerce réclame de plus en plus.

THÈSE AGRICOLE

Rien n'est meilleur que l'Agriculture,
rien n'est plus beau, rien n'est plus fécond
rien n'est plus doux, rien n'est plus
digne d'un homme libre.

(Cicéron.)

CONFIGURATION ET SITUATION

Le département de l'Eure appartient à la région septentrionale de la France ; il dépend du bassin de la Seine, et tire son nom d'un des principaux affluents de ce fleuve, la rivière d'Eure qui le traverse.

Il a été formé en 1790, en tout ou en partie de quatre anciens pays de la Normandie : le Vexin normand, le pays d'Auche, le Roumois et le Lieuvin.

Ses limites sont, à l'Ouest, le département du Calvados : au Sud-Ouest, celui de l'Orne : au Sud, celui d'Eure-et-Loir : à l'Est, ceux de Seine-et-Oise et de l'Oise : au Nord, celui de la Seine-Inférieure ; au Nord-Ouest, l'embouchure de la Seine.

Il se présente sous une forme assez irrégulière, qui, cependant, peut être assimilée à la forme triangulaire, entre le 48° 37' et 49° 28' de latitude et les 0° 34' et 0° 2' de longitude occidentale du méridien de Paris.

Sa plus grande étendue de Gisors à Fiquefleur, c'est-à-dire de l'Est à l'Ouest, est de 10 myriamètres 7 kilomètres, sur une lon-

gueur du Nord au Sud, de Quillebœuf à Chenebrun, de 9 myriamètres 4 kilomètres.

Le département dont le cadastre a été achevé en 1841, occupe
une superficie de 595.639 hectares qui se subdivisent d'après leur
nature en : pays de bruyères ou de landes, sol de riche terreau,
de craie ou calcaire, de gravier sablonneux et pierreux.

Le département est arrosé par de nombreux cours d'eau qui
appartiennent tous, ainsi que nous l'avons déjà fait remarquer, au
bassin de la Seine.

La Seine, l'Eure, l'Avre, l'Epte et la Morelle lui servent de
limite avec les départements voisins : d'abord, au Nord, la Seine sur
plusieurs points d'Aizier à l'Oquefleur, du Landin à Yville, du bois
de Manny à Caumont et de Martot à Bomport; l'Epte sépare le
département de celui de Seine-et-Oise et de l'Oise; l'Avre celui
d'Eure-et-Loir, et la Morelle celui du Calvados; l'Epte sert de
limite à l'Eure et à l'Eure-et-Loir.

Les principales rivières sont :

La Seine, qui est l'un des principaux fleuves de France. Sa longueur, y compris les détours, est de 770 kilomètres. Elle prend sa
source à 471 mètres au-dessus du niveau de la mer dans les montagnes de la Côte-d'Or à Chenonceau. Elle traverse Troyes, dans
l'Aube; Melun, Paris. Quand elle arrive au département de l'Eure,
elle sort de celui de Seine-et-Oise et a déjà reçu quatre affluents
importants : l'Aube, l'Yonne, la Marne et l'Oise.

Elle entre dans le département au confluent de l'Epte à Giverny,
près de Vernon: outre cette ville qu'elle baigne, elle passe à Saint-
Just, Saint-Pierre-d'Autils, Pressagny-l'Orgueilleux, Notre-Dame-
de-l'Isle, Saint-Pierre-la-Garenne, Portmort, Courcelles-sur-
Seine, laisse à deux kilomètres et demi Gaillon; passe aux Andelys, à Saint-Pierre-du-Vauvray, Audé-Herqueville, Porte-Joie,
Conuelles, Tournedos, Poses, Amfreville-sous-les-Monts, Manoir,
au Damps, à Pont de l'Arche, à Criquebœuf, quitte le territoire

d'Igoville pour pénétrer dans le département de la Seine-Inférieure, et revient dans l'Eure à Aizier, baigner la limite Nord-Ouest du département jusqu'à Fiquefleur ; l'étendue de son parcours dans le département de l'Eure, est de 66 kilomètres 194 mètres : sa pente moyenne est de 128 millimètres par 1.000 mètres : ses affluents principaux sont : sur la rive gauche, l'Eure et la Risle ou Rille.

L'Eure prend sa source dans le département de l'Orne, entre Neuilly et la Lande, dans la Forêt de Loigny ; elle a formé de deux ruisseaux, déversoirs de six grands étangs, entre dans le département d'Eure-et-Loir, au-dessous de Senonches, coule du Nord-Ouest au Sud, traverse Chartres, change de direction et coule alors vers le Nord-Ouest. Elle sert un instant de limite entre l'Eure et l'Eure-et-Loir, depuis Saint-Georges jusqu'à Bueil, où elle pénètre dans le département, passe à Bueil, Breuil-pont, Pacy-sur-Eure, Cocherel, Chambray, Acquigny, Louvrin, Lery, et se jette ensuite dans la Seine en amont de Pont-de-l'Arche, au village des Damps, après avoir reçu les eaux de l'Avre et de l'Iton et du Ru de Radon ; son cours est d'environ 170 kilomètres, et elle est navigable depuis Saint-Georges sur une étendue de 92 kilomètres.

L'Iton prend sa source près de la Trappe, dans le département de l'Orne ; elle passe à Bonnefoy, Saint-Aubin, Saint-Ouen, et entre dans le département à la Chaise-Dieu-lu-Theille.

Elle arrose Francheville, Cintrai, Condé, disparaît à Villalet dans des gouffres souterrains, reparaît à 16 kilomètres de là à Gaudreville, elle baigne Evreux et se jette dans l'Eure aux Planches, après un cours d'environ 120 kilomètres, après s'être grossie du Rouloir qui naît près de Condé, le ruisseau de Breteuil-la-Croisille.

Ainsi que l'Eure et l'Iton, l'Avre prend sa source dans le département de l'Orne, non loin du village de Tourouvre ; elle passe à Chenebrun, Verneuil, Tillières, Nonancourt, et se jette dans l'Eure au-dessous de Montreuil, après un cours d'environ 45 kilomètres et avoir servi de séparation entre l'Eure et l'Eure-et-Loir depuis Courteilles jusqu'à sa jonction avec l'Eure.

La Rille, que l'on écrit Risle, sort du département de l'Orne où elle prend sa source à Saint-Vandrille, coule du Sud au Nord; passe à Laigle, entre dans le département à Herponcey, passe à Rugles, Beaumont, Brienne, Pont-Audemer, et se jette dans la Seine à la Roque, au-dessus de Quillebeuf, après un cours d'environ 120 kilomètres ; elle reçoit divers affluents, entre autres : la Charentonne, qui passe à Bernay, le Sommaire (17 kilom. , la Véronne, la Sebec, la Corbie, les rivières d'Auton, de la Varenne, de Tourville, la Corbie se grossit du ruisseau des Gudeliers, de Foulbec ou Fouillebroc et du Douil-Hérouli.

L'Epte, affluent de la rive droite de la Seine, sépare à l'Est le département de ceux de l'Oise et de Seine-et-Oise, depuis Neaufls-Saint-Martin, près de Gisors, jusqu'à son embouchure dans la Seine près de Giverny. Elle naît près de Serqueux dans la Seine-Inférieure, où elle baigne Gournay, entre dans l'Eure près de Bouchevilliers, passe à Gisors, Dangu-Saint-Clair-sur-Epte : son cours est de 100 kilomètres dont 52 dans le département. Elle reçoit comme affluents : la Troène, la Réveillon, la Levrière.

L'Andelle, affluent de la rive droite de la Seine, prend sa source au village de Serqueux, près de Forges-les-Eaux, dans le département de la Seine-Inférieure. L'Andelle entre dans le département au-dessous de Vancil, passe à Perrien, Charleval, Radepont, Fleury, Pont-saint-Pierre, Romilly, et se jette dans la Seine au pied de la côte des deux Amants entre Amfreville-sous-les-Monts et Pitres, après s'être grossi des eaux du Crevon qui vient de Ry et de la Lieuvre, qui naît à Lyons et après un parcours de 64 kilomètres.

Comme rivières ou ruisseaux nous trouvons encore :

Le Gambon qui passe au Petit-Andelys.

L'Oison qui se jette à Elbeuf et naît près de Saint-Amand.

La Vilaine qui prend sa source à Saint-Pierre-du-Val, se jette dans la Seine au-dessous de Carbec.

Le ruisseau de Jobles à son origine à Fatouville.

La Morelle (10 kilomètres), formée de trois sources, sépare sur une longueur de 8 kilomètres le département de l'Eure de celui du Calvados et reçoit les ruisseaux d'Equoinville et du Morez et se jette dans la Seine à Fiquefleur.

On compte quatre ports de mer ouverts au cabotage, deux sur la Seine, à Aizier et à Quillebeuf, et deux sur la Rille, Conteville et Pont-Audemer.

La Seine est navigable sur tout son parcours dans le département.

La navigation de la Risle, qui est entièrement maritime, commence à Pont-Audemer et n'a qu'un développement de 19 kilomètres.

L'Eure est navigable de Louviers à la Seine. L'Andelle est navigable 3 kilomètres.

Les rivières flottables sont: l'Iton, l'Andelle, le Bouloir, la Lieure et le Fouillebroc.

FONTAINES

La couche d'argile plastique qui sépare le calcaire grossier de la craie étant imperméable, donne naissance à de nombreuses sources sur le flanc et à la base des collines qui sillonnent le département.

Il existe des sources minérales à Saint-Germain, près de Pont-Audemer, à Bec-Hellouin, Becthomas, Beaumont, Hondouville, Le Vieux-Conches, Martagny et Breteuil.

PUITS ARTÉSIENS

Les premiers puits artésiens établis en Normandie ont été forés à Gisors en 1823; depuis lors, il en a été percé dans un grand nombre de localités du département, mais sans aucun succès.

LACS ET ÉTANGS

On ne trouve dans le département de l'Eure ni lacs ni étangs; mais seulement quelques marais dont le plus important appelé Vernier, situé entre Quillebeuf et la pointe de la Roque, a une superficie de 2.600 hectares.

Tous les cours d'eau sont poissonneux, la pêche est faite dans le département, dans les grandes rivières, sur une échelle assez importante. Comme espèce de poissons, nous trouvons : l'Alose, de Seine, la Truite, l'Anguille, le Barbeau, la Carpe, la Brême, le Dard, le Goujon, le Brochet, l'Ablette, le Gardon, la Vandaise, le Meunier, le Véron, l'Écrevisse, qui tend cependant à diminuer de jour en jour.

OROGRAPHIE

Le sol n'a pas de montagne, mais seulement quelques chaînes de côteaux qui s'inclinent généralement du Nord-Est au Nord-Ouest.

Sa hauteur moyenne au-dessus du niveau de la mer est de 150 mètres.

Le point culminant est le Mesnil-Rousset qui se trouve à une altitude de 228 mètres. Cheronvilliers est à 215 mètres, le Mont-

Ryt, près de Pont-Audemer, est à 203 mètres, et la Forêt-de-Conches à 187 mètres.

Le département de l'Eure est un pays de plaines, divisé en six plateaux distincts par les rivières qui le traversent pour arriver à la Seine. Ces six plateaux sont ceux du Lieuvin, du pays d'Ouche, la plaine du Neubourg, la plaine du Roumois, la plaine Saint-André et le Vexin normand, qui est isolé du reste du département par le cours de la Seine.

Le plateau du Lieuvin s'étend entre la Charentonne, la Risle et le département du Calvados ; il est célèbre par ses herbages ; il a une altitude de 100 à 200 mètres.

Le pays d'Ouche est situé entre la Charentonne et la Rille. La plaine du Neubourg entre la Seine, l'Eure, l'Iton comprend aussi le Roumois et la plaine de Conches et de Breteuil.

La plaine Saint-André est limitée par l'Eure, l'Avre, l'Iton ; elle comprend la partie du Perche qui dépend de l'Eure. Le Vexin normand, le premier connu et qui comprend en entier l'arrondissement des Andelys, est isolé du reste du département par le cours de la Seine et se trouve à peu près enclavé dans les vallées de l'Epte et de l'Andelle.

L'altitude moyenne de ce plateau est de 100 à 120 mètres ; mais on trouve dans la forêt de Lyon des sommets de 160, 170, 175 et 177 mètres, le Vexin finit par la belle côte des Deux-Amants.

FLORE

La France a été divisée par les naturalistes en cinq grandes régions végétales, et le département de l'Eure a été compris dans le région septentrionale qui s'étend depuis le Nord de la France jusqu'à la Loire, et au Cher, et du Rhin à l'Océan.

Toutes les fleurs contenues dans ce département sont celles des environs de Paris, et grâce à un botaniste, distingué M. Chesnon connaissant la botanique du département, nous trouvons : Barbara intermedia, Geranium sanguineum, Geranium Phœum, Melilothus Leucanthœ, Fragaria elaticer, Sedum elegans, Seseli V. Glaucum, Carum bulbocas, tanum, Hieracium, Boreale, Gentiana campestris, Myosotis stricta, Verbascum Blattarioides, Primala Variabilis, Atriplex patula, Rumex Maximus, Amaranthus retroflexus, Phalangeum liliaga, Phalangeum liliaga, Phalangeum bicolor, Ornithogalum pyrenaicum, Bromus inermis, Cynodon dactylum, Accras Autropophora, Phytenma spicate, Atropa belladona, Carex pseudo-cyperus.

FAUNE

Quant à la faune elle a beaucoup de rapport avec celle de Paris et on y trouve à peu près les mêmes animaux : outre le bétail qui sert aux besoins de l'homme comme les chevaux, ânes, mulets, bœufs, vaches, moutons, porcs, volailles de toutes espèces, nous rencontrons encore soit sur nos terres, soit dans nos bois et forêts, le sanglier, qui cause de grands dégâts et y est assez abondant ; le cerf, le chevreuil, le lièvre et le lapin ; quant aux oiseaux, les plus remarquables sont : les perdrix, les cailles qui y viennent aux passages et tous les oiseaux des bois ; de plus, ce qui n'est pas un agrément pour le pays et souvent un désastre pour l'agriculture, les animaux nuisibles de la région parisienne.

SYLVICULTURE

Le département de l'Eure est très boisé, les collines sont toutes recouvertes de bois ou de forêts. Dans les origines des temps, le pays de Gaule était couvert de forêts, puisque ce mot par lui-même signifie pays de forêts. Mais peu à peu la population grandit, les besoins augmentant, et pour les satisfaire. il faut, de toute nécessité, qu'elle ravisse au sol jusque-là laissé inculte ou couvert de végétaux incultes ou ligneux, les richesses qui s'y sont lentement accumulées.

Devant ce mouvement souvent irrésistible, presque toujours aveugle et désordonné, les forêts reculent incessamment. leurs limites s'amoindrissent, après elles la stérilité, les brusques variations de température et le fléau des inondations.

De plus, avant la Révolution, les habitants des campagnes saccagèrent les forêts. et il fallut un arrêt de Louis XVI du 11 août 1789 pour empêcher de défricher les forêts ; mais les dévastations continuèrent ; ce ne fut que le 29 septembre 1791 que l'Assemblée nationale se décida à décréter une loi relative à la conservation des forêts nationales, qui occupaient en France une surface totale de 1.700.000 hectares.

Dans le département on peut encore compter quelques grandes forêts comme celles : de Pacy, d'Ivry, de Vernon, de Conches, de Beaumont, de Breteuil, du Neubourg, de Montfort, de Pont-de-l'Arche, d'Andelys, de Lyons, de Longfoël. — De plus, on rencontre un grand nombre de bois.

Dans les hautes futaies, on voit le chêne, le hêtre, le charme, le bouleau, le tremble ; les mêmes espèces se trouvent aussi dans les taillis avec l'érable, le cornouiller et le coudrier.

CLIMAT

Le climat d'un lieu est sans doute déterminé par la résultante de toutes les influences des divers phénomènes atmosphériques et des circonstances locales susceptibles d'agir sur la végétation. Mais néanmoins le soleil, source de force par la lumière et la chaleur, paraît être par suite de son action colorifique et lumineuse, l'agent prépondérant dans la détermination du climat.

Plusieurs circonstances modifient les climats de certains lieux : l'altitude, ainsi le climat général varie de 1° en s'élevant de 180 mètres verticalement ou s'avançant de 220 kilomètres vers le Nord ; 1 degré de latitude (100 kilomètres) équivaut donc, à cet égard, à 82 mètres d'altitude.

Le climat local dépend de la situation, de l'exposition, de la nature et de l'intensité des vents régnants, de l'abri formé par les montagnes, de l'humidité de l'atmosphère, de la répartition des pluies, de l'intensité de la lumière et des transitions brusques de la chaleur et du froid.

La nature de la végétation exerce une influence marquée sur le climat. Les terrains couverts de végétaux sont moins directement frappés par les rayons du soleil, et par suite s'échauffent moins ; ils se desséchent moins aussi parce que l'évaporation y est moins active. Par suite du couvert des arbres, les sols boisés évaporent 3 fois moins d'eau en moyenne (2 fois moins en hiver et 5 fois moins en été que les sols nus : lorsque les sols boisés sont en même temps couverts de mousses, feuilles mortes, etc., le ralentissement de l'évaporation est doublé, et dans ces conditions les forêts évaporent 6 fois moins que les terres nues, et conservent par suite 6 fois plus d'eau pour entretenir la fraîcheur du sol et le débit des sources.

Les pluies y sont plus fréquentes, surtout si le sol est très boisé, et si le terrain est garanti, pendant l'hiver, contre le refroidissement ; en effet, dans les trois quarts des pluies, les terrains boisés reçoivent 1/10 de plus d'eau que les terres voisines cultivées : sur les points élevés, il tombe plus d'eau que sur les plaines.

Les mers, ces grandes étendues d'eau, ont une grande influence sur le climat d'un lieu ; c'est ainsi que les pays placés sur le bord de l'Océan sont moins froids que ceux situés à l'intérieur des terres, la raison est que les grands courants d'eau chaude qui partent du golfe du Mexique, abandonnent de leur chaleur au littoral qu'ils baignent, de plus l'évaporation de cette masse d'eau forme des vapeurs qui empêchent l'ardeur du soleil en été de brûler les terres. et qui la nuit empêchent le refroidissement de la terre. Voici pourquoi les bords de l'Atlantique ont une température douce en hiver et fraîche en été.

L'influence des vents sur le climat est très marquée : les vents brûlants de l'Afrique qui viennent s'abattre sur la France, sont pour certains pays une ruine ; ils frappent les collines avoisinantes et renvoient leur chaleur aride sur les sols qu'ils désolent; tandis que les vents chauds et humides de l'Océan procurent dans certaines contrées de bienfaisants effets.

Lorsqu'ils s'engouffrent dans un cirque de collines ayant son ouverture au midi, certains points sont placés dans des conditions excellentes et reçoivent une douce chaleur.

Les montagnes font aussi varier le climat d'un pays. Placées au Sud par rapport à ces pays, elles en refroidissent la température en mettant un obstacle à l'action directe des vents chauds du midi : sont-elles au Nord, elles font abri contre les vents froids du Septentrion, réfléchissent la chaleur et adoucissent les hivers.

La composition physique et chimique du sol fait aussi varier les conditions climatériques du sol: la couleur, leur homogénéité. les terres calcaires et légères blanches perméables sont plus chaudes que les terrains argileux : le sous-sol a aussi une influence notable sur le sol.

Dans la culture il faut étudier les conditions climatériques où l'on se trouve pour aménager ses cultures et suivre un assolement.

Le pays que nous étudions peut être classé dans la zone du Nord-Ouest ou climat parisien, ainsi nommé parce qu'il se fait sentir dans le bassin parisien. La température y est généralement variable et humide : le climat est cependant tempéré et deux causes lui assurent ce point: le voisinage de la mer et le peu d'élévation du sol.

Les hivers y sont moins rigoureux que dans l'Est à la même latitude, de même que les étés y sont moins chauds.

MÉTÉOROLOGIE

Ce département, par sa position, est disposé à recevoir les vents de la mer.

Les vents dominants sont ceux du Sud-Ouest, du Nord-Ouest qui amènent la pluie; le vent du Sud amène les orages; le vent du Nord souffle aussi de temps en temps et amène le froid. Les pommiers qui bordent les routes indiquent parfaitement par leur inclinaison la périodicité constante de ces vents en même temps que leur impétuosité.

On compte une moyenne annuelle de 118 jours de pluie. 16 jours d'orage et 22 jours de brouillards. Le pluviomètre accuse annuellement 650 millimètres d'eau.

La pluie est plus fréquente à l'automne qu'au printemps.

La température moyenne est de 10° 9'.

Le thermomètre monte rarement au-dessus de 26° et descend peu au-dessous de 9.

L'hiver se prolonge jusque dans le courant d'avril, souvent le froid se fait sentir jusqu'au mois de juin et force à allumer du feu.

Ordinairement la neige ne tombe que dans le mois de janvier et de février, mais aussi on a des exemples trop fréquents de neige très abondante à la fin d'avril et au commencement de mai.

Les rivières, surtout celles de la Seine, d'Eure, d'Andelle, de la Rille débordent assez souvent et viennent enrichir les prairies avoisinantes d'engrais précieux; mais souvent aussi retardent la culture des terres ensemencées.

La végétation des plantes commence à la fin de mars ou au commencement d'avril. Les foins sont fauchés en juin et la moisson se fait de juillet en août.

GÉOLOGIE.

La construction géologique du sol est presque partout calcaire, et en quelques endroits siliceux, ayant pour base une terre végétale mêlée sur certains plateaux d'une argile très fertile.

D'après M. Antoine Passy, les terrains reconnus dans le département appartiennent à quatre formations ou époques principales de l'histoire géologique de la terre.

La première est la formation contemporaine, celle qui a lieu de nos jours pour ainsi dire sous nos yeux ; elle comprend : le sol cultivé ou cultivable (humus), les alluvions ou atterrissements des rivières, les tourbes et le calcaire travertin qui est déposé par les eaux dans certaines localités. Cette formation nouvelle s'appelle le *Terrain moderne*.

Étudions les différents points de formation de ce terrain moderne.

HUMUS

L'humus, ou terre végétale, est une matière brune, noirâtre, légère et poreuse qui résulte de la décomposition des corps organisés.

Lorsqu'on fait une récolte on ne l'enlève jamais complètement, il reste toujours, soit des feuilles tombées, soit des morceaux du végétal, soit des plantes qui sont mortes, à cela viennent s'ajouter encore des débris d'animaux et d'insectes qui y sont morts ou que les vents ou les eaux ont transportés.

Enfin, l'on amène sur les terrains de fortes proportions d'engrais ou de fumiers qui sont en quelque sorte formés uniquement de matières organiques. Toutes ces matières, placées dans des conditions de chaleur et d'humidité convenables, fermentent, pourris-

3

sent en fournissant de l'acide carbonique et des principes azotés, solubles ou volatiles ; le terreau est donc l'ensemble des débris organiques en voie de décomposition.

Le terreau étant une substance en voie de décomposition, est rarement doué de propriétés constantes, caractéristiques et distinctives, parce que les éléments qui le composent peuvent être dans un état de pourriture plus ou moins avancé ; ils ne se ressemblent pas toujours parce que les éléments qui ont servi à les former n'ont pas exactement la même composition, les résultats et les conditions de leur décomposition ne sont pas les mêmes.

L'humus peut être classé ainsi :

A. *Humus fertile.*
B. *Humus acide.*

L'humus fertile est le seul dont l'action soit particulièrement favorable aux végétaux.

Le terreau fertile, riche en principes minéraux, exerce l'action la plus manifeste sur la fécondité des sols ; il modifie leurs propriétés physiques. Il est, comme l'ont montré les belles expériences de M. Schlsesmg, l'agent par excellence de l'amélioration de la terre arable.

Les plantes adventices qui croissent naturellement sur ces terrains sont :

Le Fumeterre, — la Mercuriale, — l'Ortie, — le Seneçon.

Les terres de riches terreaux sont fort peu étendues ; mais, dans un assez grand nombre de vallées, on trouve des sols qui s'en rapprochent à différents degrés. — Exclusivement formées de terreau, ces terres conviennent plutôt à la culture jardinière, aux plantes commerciales, telles que le lin, le chanvre, etc..... qu'aux céréales qui poussent trop vigoureusement.

Rendues plus consistantes par un amendement d'argile, de sable ou de calcaire, elles deviennent propres à tous les produits.

Les palus du bassin du Rhône, de l'Isère, de la Drôme ; les riches sables de la Loire ; les dépôts des Mœrs, des marais du Nord, de la Manche, etc... sont des terrains humifères d'une grande fertilité.

Les meilleures pâtures grasses se trouvent également sur ces sols.

L'humus acide se produit facilement dans les terrains humides ou sujets à être couverts d'eau stagnante ou encore dans des points où l'air se renouvelle très peu. La décomposition des plantes, dans ces conditions, est extrèmement lente et toujours incomplète.

Les prés humides, les bords des mares et des étangs, les dépôts tourbeux, les amas de lignite, offrent de fréquents exemples de cette forme d'humus, dont la réaction est franchement acide.

L'humus acide se forme également dans les terrains sablonneux, secs, lorsque les principes minéraux (potasse, soude, chaux, magnésie) capables de saturer les acides organiques des matières, font défaut. Le terreau aride est préjudiciable à la végétation.

Comme nous l'avons déjà dit, étant un mélange complet de diverses matières organiques en voie de décomposition, est rarement doué de propriétés constantes, caractéristiques et distinctives, puisque les matériaux hétérogènes qui le composent peuvent être dans un état de décomposition plus ou moins complète.

Et comme d'ailleurs aussi, il offre des modifications suivant la nature des plantes qui ont servi à le produire. C'est donc ainsi que les débris, provenant de plantes riches en tannin, donnent un terreau acide comme le sont généralement les terres de bruyères.

Cette espèce de terreau ne convient pas à tous les genres de culture et il y a presque toujours nécessité d'y ajouter de la marne ou de la chaux pour le rendre propre à la fertilisation des sols.

La tourbe est formée par des plantes qui se sont décomposées dans l'eau, c'est un combustible très imparfait ; les végétaux qui ont servi à la formation des tourbières, sont des plantes apparte-

nant à des familles ou à des espèces végétales qui vivent entièrement sous l'eau, et qui poussent avec une grande rapidité comme
les esguiaphs et les conferves, les utriculaires, potamots, corni-
fles, myriophylles, callitriches, lenticules, scirpes, carex, pesses,
presles, etc... Tous ces végétaux croissent actuellement sur ces
terrains et les autres plantes ont du mal à y venir.

Le terreau de tourbière est brun, plus ou moins foncé; il brûle
en donnant une cendre légère. Il renferme une grande quantité
d'acide hulmique qui donne au sol un caractère d'aridité complet.
acétique et phosphorique, se trouve aussi dans ces terrains.

Les terrains tourbeux sont mélangés généralement de matières
semblables à celles des roches qui avoisinent ces terrains. Les
matières organiques sont très abondantes mais variables comme
on peut le voir par les analyses suivantes :

ESPÈCES DE TOURBES. — MATIÈRES ORGANIQUES. — MATIÈRES MINÉRALES.

	Sur 100 parties.	Sur 100 parties.
De Vassy (Marne)	92 8	7 2
De Forges-les-Eaux	92 3	7 7
De la Somme	88 3	11 7
De l'Oise	82 6	17 1
De Meaux	81 2	18 8

La tourbe renferme les matières minérales suivantes :
Silice ou sable. — Carbonate de magnésie- — Argile.

Phosphates de chaux et d'albumine, carbonate de chaux, silicate de potasse, oxyde de fer, chlorures alcalins, sulfate de
chaux.

Toutes ces matières varient suivant les pays où elles se forment et suivant la couche à laquelle elles appartiennent.

On reconnaît facilement les terrains tourbeux, à ce qu'ils sont
spongieux et élastiques, d'une couleur brun-foncé, et l'on trouve
dans leur masse des détritus de plantes qui ne sont pas entièrement décomposés.

Lorsqu'on les soumet à la dessiccation, comme ils contiennent une notable quantité d'eau ils perdent une partie de leur poids.

En été, ils sont frais et en hiver plus chauds que les autres sols.

Par leur origine et leur composition, ces genres de terrains paraissent excellents par la végétation, mais il n'en est rien, et il est souvent plus avantageux d'en extraire du combustible que de les cultiver.

Pour les mettre en culture, chose qui est assez difficile, il faut commencer d'abord par les assainir par des rigoles ; on ne doit pourtant pas dessécher complétement la terre, dans les sécheresses, elle se mettrait en poussière et les plantes ne pourraient y végéter ; puis on les amende avec de l'argile, des sables, mais surtout au moyen du calcaire, comme, la marne, la chaux vive, ce calcaire enlève l'aridité au sol et neutralise les effets nuisibles des sels ferrugineux ; on peut encore les écobuer, c'est-à-dire brûler la surface.

L'irrigation, à l'aide d'eaux courantes, enlève également une partie de leur humidité. Les amendements alcalins sont excellents pour ces genres de sols.

Lorsque ces terrains sont assainis, ils deviennent légers et peuvent être employés à la culture des plantes à racines ; ils donnent de grandes récoltes d'orge et d'avoine, mais le grain n'a pas beaucoup de qualité. Une condition qui fait manquer souvent les récoltes dans ces terrains, c'est que l'été elles se dessèchent rapidement, il faut donc tâcher de les abriter de la trop grande chaleur du soleil.

Le meilleur parti à tirer de ces terres est de les transformer en prairies, soit à faucher, soit à pâturer ; mais le pâturage est meilleur parce que les animaux en marchant, et par leur poids, raffermissent le sol en le tassant. Les Écossais mettent ces terrains en prairies à faucher, ils font une coupe et laissent pourrir les autres sur le sol.

Les plantes qui viennent assez bien dans ces terrains sont :

Les trèfles rouges et blancs. le Timothy fléau des prés) ; le Fiorin (agrostide stolonifère à larges feuilles).

Les terrains tourbeux ont l'avantage. lorsqu'ils sont privés de leur trop grande quantité d'eau, de conserver une certaine fraîcheur, et en Alsace on les convertit en houblonnières et l'on y cultive la garance avec un très grand succès.

Les espèces forestières qui viennent assez bien dans ces terrains. lorsqu'ils sont suffisamment asséchés, sont : l'aulne, le bouleau. les saules, les peupliers et quelques autres espèces d'arbres à bois blanc.

Terrains marécageux. On entend par ces sortes de terrains, des sols qui, pendant toute l'année ou pendant une partie. sont couverts d'eau, et ne peuvent en être débarrassés que par les effets de l'évaporation. S'ils sont couverts d'eau toute l'année, on ne peut les cultiver.

Macre ou châtaigne d'eau : Fétuques, Laiche, Scirpes, Souchets, Nénuphars.

Renoncules Fléchière : Roseau à balai, Massette, Mnianthe à trois feuilles, Gratiole officinale, Butorne au jonc fleuri. Plantain d'eau. Véronique, Menthe poivrier. Épilobe. Lithre salicaire.

Lorsque l'eau se retire un moment de la mer. ces sols peuvent donner du foin, mais celui-ci est toujours dur, de mauvaise qualité, composé de plantes peu nutritives et peu goûtées par les animaux.

Ces genres de sols peuvent être assainis par des plantations d'arbres tels que le saule, l'osier, le bouleau, l'aulne.

Les terres de marais qui se trouvent au bord de la mer sont souvent excellentes pour la culture : pour les exploiter avec fruit, on doit toujours commencer par y cultiver des plantes qui s'y plaisent, et qui dépouilleront peu à peu le sol de l'excès de chlorure de sodium qu'il contient.

Parmi les plantes qui aiment ces terrains, on trouve la salsola, la salicorne, les amarantes, les ansérines. les arroches et à triplex qu'on peut brûler pour retirer la soude.

Voici une analyse de ces sols:

	Terre de la superficie.	Terre prise à 1 mètre.
Argile.	77 7	73 8
Oxyde de fer.	5 5	5 5
Carbonate de chaux.	5 „	9 »
Eau et matières organiques.	11 8	11 7
Magnésie.	» »	» »
Sulfate de chaux	» »	» »

TERRE DE BRUYÈRE

Sous ce nom on comprend les sols formés de sable ou silice plus ou moins ferrugineux et mêlé de terreau venant de la décomposition de diverses plantes, tels que les bruyères, genêts fougères, rhododendrons, vaccinium. et de toutes les plantes qui renferment du tannin et du fer. Les matières, en se décomposant complètement, ont produit un terreau brunâtre, dont la qualité est très variable. Ces genres de sols sont plus employés pour le jardinage que pour la grande culture, parce qu'ils ne sont pas assez consistants et manquent de profondeur ; de plus, à cause de leur couleur foncée elles absorbent les rayons solaires et réchauffent rapidement pendant leur humidité, et deviennent très arides en été.

Voici l'analyse d'une terre de bruyère du département :

(Forêt de Saint-Étienne.)

DU ROUVRAY.

Gros gravier siliceux.	7 560
Sables moyens.	17 814
Sables fins.	17 520
Gros débris organiques.	5 626

Matières solubles dans l'eau.	humus soluble azoté.	
	sulfates. phosphates. chlorures alcalins. . .	1.662
	sulfate de chaux	
Terre ferme.	humus insoluble.	7.156
	argile	5.190
	calcaire	5.964
	carbonate de magnésie. phosphate de chaux.	0.388
	oxyde de fer des traces.	" "
		100 "

L'humus ne se trouve pas seul dans les sols, ils renferment encore des matières organiques animales qui leur sont données par les engrais et des matières minérales qui forment la masse du sol.

Les principales sont : l'argile, la silice et le calcaire. Il s'y trouve encore, mais en petite quantité, d'autres minéraux à l'état de composés, tels que la soude, le potasse, la magnésie, l'oxyde de fer, le soufre, le phosphore et le chlore.

Par des expériences, on a vu que toutes ces substances étaient utiles aux végétaux, concourraient chacune à leur nutrition et à leur production : nous étudierons ces diverses matières ainsi que les sols plus loin.

Les alluvions ou atterrissements des rivières sont de la formation contemporaine : elles comprennent les débris de roches que les eaux charrient sur les terrains. Les eaux, en circulant à la surface du globe et dans un intérieur, répartissent, pour ainsi dire, les éléments qui composent son enveloppe solide : elles transportent d'un point sur un autre, dans leur cours, des matières minérales qu'elles contiennent en dissolution, par une action chimique, ou en suspension par une action mécanique.

Lors de l'action chimique ou l'action mécanique, ces matières dissoutes ou suspendues se précipitent ou se déposent.

En général, la quantité de substances abandonnées en chaque point, à chaque instant par les eaux, est extrêmement petite ; mais comme l'effet se répète sur de grandes étendues et pendant de grands espaces de temps, ces matières s'amassent en couches vastes et puissantes.

Un grand nombre de masses minérales se désagrègent sous l'influence lente mais continuelle des agents physiques. Toutes les parties hétérogènes de ces masses ne se prêtent pas avec la même facilité au passage de la chaleur, et ne se dilatent pas également sous son action. de là les jeux, les mouvements intimes de ces parties, et, à la longue, leur séparation. Tout cela se pas principalement dans les couches superficielles de l'écorce terrestre. C'est précisément dans les points où l'atmosphère et l'eau peuvent concourir par des actions chimiques, et décomposent beaucoup de minéraux. des silicates qui renferment de la chaux. de la magnésie, perdent leur dose et leur acide ; en un mot, finissent par se dissoudre pièce à pièce.

Si ces silicates renferment de l'alumine, celle-ci se concentre de plus en plus dans les résidus de la décomposition : ce résidu est un silicate l'alumine qui a perdu des alcalis. mais qui a gardé un excès relatif de silice et fixe de l'eau.

Le feldspath laisse après sa décomposition un silicate d'alumine qui est le kaolin. Les bases qui sont à l'état de protoxydes dans les roches non atterrées s'enrichissent en oxygène. lorsqu'elles se recouvrent en présence de ce gaz libre ou même engagé dans de certaines combinaisons.

Le carbonate de chaux se dissout en assez forte proportion dans l'eau chargée de CO^2 et de l'acide CO^2 se dégage ; la plus grande partie du carbonate se précipite.

Les sulfates au contact des matières organiques deviennent des sulfures et abandonnent de l'oxygène. Les pyrites, au contraire, en s'oxydant sous l'influence de corps divisés, donnent naissance a des sulfates et à de SO^4 : celui-ci sulfatise l'alumine et d'autres doses contenues dans les roches. Presque toutes les roches, même les grès les plus durs. au bout d'un temps plus ou moins long, ont ressenti les atteintes de cette action de l'air et de l'eau.

Ainsi les variations de température, l'action chimique décomposante de l'air ont une grande part dans cette œuvre de destruction, mais l'eau en est le principal agent ; et par les alternatives de gel et de dégel dilate les roches et les brise en fragments.

La fonte des neiges et leurs avalanches, les pluies, les ouragans, les trombes produisent des effets du même genre.

On aurait une idée incomplète de cette dégradation incessante des continents si on ne jetait pas les yeux sur ce que l'eau exécute avec tant d'énergie sur les côtes. Les vagues qui se brisent en écumant sur les côtes escarpées, les démolissent peu à peu, même lorsqu'elles sont très dures. Les fleuves charrient dans leurs eaux des terrains provenant de roches qu'ils ont désagrégées sur leur passage ou de débris qui sont venus par les petits ruisseaux se jeter dans leurs eaux.

Les dépôts des fleuves consistent en gravier, sable, limon, toutes ces matières charriées par les fleuves viennent se déposer dans certains endroits où ils forment la base des terres. Ces alluvions sont de même nature que les roches dont elles proviennent.

Les alluvions contemporaines se trouvent dans toutes les vallées. Ce sont elles qui donnent les richesses à celles-ci, on y trouve de gras pâturages où l'on entretient un bétail nombreux. Ces terres sont peu cultivés en céréales ou en racines.

Le travertin a été formé par les eaux chargées d'acide carbonique traversant de grandes masses calcaires ; celles-ci leur abandonnent du carbonate de chaux qui, lorsque les eaux de carbonique s'échappent, se déposent dans les vallées. Ces roches externes sont donc d'une origine chimique.

ALLUVIUM

L'alluvium ou limon jaune est une terre argilo-siliceuse mêlée d'un peu de fer et de calcaire ; c'est la couche qui recouvre la craie. ils proviennent de la désagrégation de la craie et des débris de roches roulées ; le sol formé par l'alluvion est homogène. toujours d'une grande épaisseur, et dans certains endroits. il peut atteindre 10 mètres. C'est ce terrain qui occupe la surface de nos plaines.

Dans le département de l'Eure, cette assise repose sur un terrain composé d'argile remaniée de sable et de silex roulés.

Ce terrain sur lequel repose l'alluvium semble avoir été apporté par des eaux coulant rapidement, tandis qu'il s'est déposé lorsque les eaux étaient tranquilles.

Ce dépôt géologique a pris naissance dans le Nord, s'est étendu sur la Flandre. l'Artois, la Picardie, l'Eure, et en général. c'est lui qui recouvre les plaines de craie. de calcaire grossier et de calcaire locustre moyen. L'alluvium suit la cime de la vallée d'Andelle.

Les sols composés d'alluvium sont faciles à travailler, le terrain est profond et fertile ; il est propre à la culture des céréales. composé comme il est d'argile. de silice et de calcaire.

Conglomérat de meulières. Le genre de terrain se trouve un peu dans le pays, c'est un mélange de sable grossier, à grains inégaux de grés, d'argile bigarrée ou grise, de meulière brisée et de minerai de fer ; souvent on trouve mélangée cette couche de silex.

Argile plastique. — L'argile plastique est exploitée à Bomilly, dans la forêt de Longboël, à 140 mètres d'altitude ; elle est parfois blanche et parfois colorée. Elle renferme des lignites. des conifères. des monocotylédones. On trouve aussi dans cette couche des coquilles d'eau douce et même des coquilles marines.

On trouve des pierres mêlées à l'argile plastique, ce sont des cailloux en forme d'amandes.

De la craie. — C'est la formation la plus importante du département; c'est elle qui forme l'extrême sous-sol depuis les rives de la basse Seine au nord jusqu'à celle de l'Avre au sud.

La craie se rencontre entre 12 et 13 mètres de profondeur, sur certains points, elle est recouverte d'une couche d'argile à silex et du limon alluvial.

Le calcaire crayeux n'est pas homogène dans son ensemble, ses assises offrent des différences; dans sa composition et sa compacité la partie supérieure est très étendue, tandis qu'elle devient très dure dans la partie inférieure de la craie blanche.

La craie blanche se compose, d'après Ehremberg, de particules calcaires amorphes auxquelles sont associés un immense amas de carapaces, d'insectes microscopiques, de fourminifères appartenant tous au genre globégénira; on trouve aussi des débris de cythenies.

Dans la craie nous trouvons du silex qui fait partie de la formation de la craie, ces silex revêtent différents aspects. Tantôt ils sont en lames minces, tantôt ils sont répartis en tables épaisses, ou en bancs de gros rognons, ou encore en nodules solitaires dispersés dans la craie; leur teinte varie aussi; ils sont moins gris, jaunâtres, rouges et quelquefois violets.

Tous ces silex sont revêtus d'une couche blanche qui, à l'air, se désagrège et tombe.

On emploie ces silex pour empierrer les routes.

D'après une coupe de la côte des Deux-Monts, à Romilly, nous pouvons voir que la masse moyenne présente à cet endroit une épaisseur de 66 mètres et qu'elle conserve à peu près uniformément dans toute la région.

Elle se décompose ainsi :

1° *Couche*. — Craie tendre où l'on trouve comme fossiles, des Microster cur Testudinarium, cette couche a une épaisseur de deux mètres.

2° *Couche*. — Craie noduleuse qui se trouve sous la craie blanche ; elle est parsemée de silex rares, a une teinte mouchetée de taches grisâtres plus dures que le reste de la masse. On emploie cette craie à faire des constructions. Ces fossiles qu'elle renferme sont les holaster planus et les ammonites propéricanus ; l'épaisseur de cette couche est de 1 m. 50.

Le banc se prolonge vers Amfreville-sous-les-Monts et occupe les deux côtés de la vallée d'Andelle à Romilly.

3°*Couche*. — Craie tendre sans silex presque sans fossiles où l'on rencontre cependant quelques terebatula semi globosa, épaisseur 6 mètres.

4° *Couche*. — Craie à silex parsemé d'inocéramus labiatus 28 mètres.

5° *Couche*. — Craie marneuse appartenant à l'étage turonien, elle est formée d'une craie tendre, un peu argileuse, contenant tantôt des silex, tantôt en étant dépourvue comme à Romilly : les fossiles y sont assez nombreux : On y trouve l'inoceramus labiatus les ammonites nodosoïdes, rusticus, catenus, Woolgari l'Echinoramis Subrotundus, les Rhynchanelles terebatula semiglobosa, la terebratulina gracilis.

Les fossiles ci-dessus désignés, ajoutons qu'on y trouve les petites géodes dont quelques-unes ont un noyau libre, ce sont des polypiers silicifiés analogues à ceux qui construisent encore de nos jours les grands récifs sous-marins.

La craie sert dans le département comme pierre à bâtir lorsqu'elle est dure, la craie blanche est manipulée pour faire des crayons et pour être transformée en blanc d'Espagne. Elle est transformée en chaux vive pour les constructions et mélangée à de la luminie ; elle forme la chaux hydraulique. Mais la grande utilité de la craie est l'amendement des terres sous le nom de marne ou de marle. On en met en moyenne 200 hectolitres à l'hectare.

MINÉRALOGIE.

Dans le département on trouve plusieurs endroits où l'on pourrait exploiter des mines de fer surtout dans les cantons de : Breteuil, Conches, Damville, Ruyles, Verneuil et Beaumont-le-Roger.

On trouve le minerai de fer a 70 centimètres ou à un mètre; la profondeur varie jusqu'à 10 ou 15 mètres. Les filons ont une épaisseur depuis 0 m. 33 centimet. jusqu'à 2 mètres ; ce minerai de fer est enveloppé de glaise, de silex, de sable, du calcaire ou du grès, souvent aussi le minerai est recouvert de meulières.

On trouve le gypse qui sert a faire le plâtre sur plusieurs points du département.

Les carrières de pierres sont assez nombreuses : les plus connues sont celles de Beaumont, Bonalle, Vernon, Louviers. On trouve la meulière à Etoulbec-Bocherel, a Sainte-Colombe, des grès dans la forêt d'Évreux et dans les environs de Broglie.

HISTORIQUE.

Lorsque les Romains commandés par César vinrent conquérir la Gaule, ils la trouvèrent divisée en trois parties et habitée par trois peuples différents de langage, d'institutions et de lois, les Belges, les Gaulois ou Celtes et les Aquitains.

Les Celtes, placés entre les deux autres nations, étaient séparés des Belges par la Marne et la Seine, et des Aquitains par la Garonne.

Ce que nous appelons Normandie, était connu des Romains sous le nom de ligue Armorique ou des 11 cités, et le territoire qui occupe le département était habité.

Par les Eburoviques dont la capitale était Mediola Tubercorum (Evreux) dont l'emplacement primitif était peut-être au Vieil-Evreux. Ces peuples formaient avec les Tenomaris (Mariveaux) et les Drablintes la peuplade des Auberques.

Par les Lexoviens, habitants du pays de Lisieux, qui s'étendaient jusqu'aux bords de la Risle.

Enfin par les Véliocasses habitant le Vexin et dont Rouen était la capitale.

En 57, avant J.-C., Publius Crassus, lieutenant de César, envahit la Gaule ; mais en 56, fatigué du joug des Romains, les Celtes se révoltèrent, égorgèrent leurs sénateurs Eburovices et Lexovicus qui avaient embrassé le parti romain, et allèrent se joindre à l'armée d'Ambiorix et attaquèrent le camp de Titurius Labinus, lieutenant de César. Ambiorix fut battu et les villes de l'Armorique se soumirent.

Les Eburoviques, les Lexoviens et les Véliocasses, an 52 avant J-C, se joignirent aux Arvernes soulevés par Vercingétorix, mais cette révolte ne réussit pas plus que la première. César le battit près d'Alésia, et avec lui cessa l'indépendance gauloise.

Après César vint Auguste, qui divisa la Gaule en trois provinces, et le département de l'Eure se trouva compris dans la Lyonnaise.

Au XIIᵉ siècle, les Romains, amollis pas la débauche, n'eurent plus la force d'arrêter les hordes de barbares qui s'emparèrent des provinces romaines, puis après eux les Vandales, les Huns, commandés par Attila, ne laissent sur leur passage que la ruine et la désolation dans la deuxième Lyonnaise dans laquelle le département de l'Eure avait été rangé par Dioclétien. Enfin le chef franc Clovis, le premier, pénétra en 497 jusque dans cette province et le rangea sous sa domination

A sa mort. 511, ses quatre fils se partagèrent l'empire qu'il avait créé et la seconde Lyonnaise fut incorporée dans le royaume de Neustrie.

Sous les Carlovingiens. les Normands remontent la Seine et en ravagent les deux rives. Charles le Chauve, en 861, voulut empêcher leurs invasions. En 876, ils revinrent commandés par Rollon. remontèrent la Seine, en pillant Jumiège. Rouen, Pont-de-l'Arche où il battit l'armée de Charles le Téméraire ; Rollon s'étant emparé de Rouen, en fit sa résidence.

Charles le Simple, voyant qu'il ne pouvait lutter contre les barbares, voulut se faire un allié de leur chef — lui donna sa fille en mariage. En 912. il fit le traité de Saint-Claire-sur-Epte. Rollon reçut le baptême et occupa les dernières années de son règne à fortifier ses provinces. Rollon abdiqua en faveur de son fils Guillaume Longue-Épée qui lui succéda en 927, mais il fut assassiné par Arnold, en 943, son fils Richard était encore mineur et Louis d'Outre-mer presse Hugues le Grand à s'emparer de la Normandie. Richard demande protection à Harold, roi de Danemarck et recouvre le comté d'Evreux, 989.

Richard 1er sans Peur mourut, 996, son fils Richard II lui succéda, affermit sa puissance et mourut en 1027 ; Richard III ne régna qu'un an et son frère puiné, Rober le Diable aida Henri de France à reconquérir son trône et obtint en récompense le Vexin-Français.

Guillaume le Bâtard lui succède, passe en Angleterre, bat Harold et veut le nom de Conquérant et meurt en 1087. en laissant deux fils Robert et Guillaume le Roux qui vint enlever à son frère Robert la couronne de France.

En 1110, Henri 1er d'Angleterre et Louis VI, roi capétien, se battirent et une paix onéreuse pour la France fut signée.

Guillaume, fils de Henri 1er ayant péri dans le naufrage de la *Blanche-Nef*. Louis le Gros redemanda Gisors ; sur le refus de

Henri I⁰ʳ; une nouvelle guerre s'alluma, Henri prit Breteuil, brûla Evreux et battit complétement Louis le Gros qui se retira aux Andelys, mais bientôt celui-ci veut des renforts et voulut recommencer la guerre.

Henri I⁰ʳ revint d'Angleterre et força Louis à quitter la Normandie, Geoffroy Plantagenet vint en 1135 envahir la Normandie, mais seul devant son beau-père, qui meurt la même année, Plantagenet, aidé du roi de France Louis VII, va à Rouen où il est reçu. Louis VII réclama comme récompense le duché du Vexin. En 1851, Henri II succéda à Guillaume, bientôt il est attaqué par Louis VII qui le repousse.

C'est Philippe-Auguste qui était maître de la Normandie, en 1203 et il l'obtint grâce à Jean sans Terre.

La guerre de Cent Ans ramena, en 1346, les Anglais dans cette province, Duguesclin les battit à Cocherel, les Anglais gagnèrent une bataille à Verneuil, prennent la Normandie profitant de la folie du roi et de la dispute des Armagnacs et des Bourguignons ; mais Jeanne d'Arc arrive et aide Charles VII à chasser les Anglais de son royaume. Dunois et Poton Xaintrailles reprennent Pont-de-l'Arche, Louviers, Evreux, Gisors, Andely, la haute et la basse Normandie.

La fin du règne de Louis XI et jusqu'à la Ligue, fut un temps de paix pour les pays de l'Eure, l'industrie et le commerce se relevèrent.

Au milieu du xvıᵉ siècle, les guerres de religion troublèrent le pays, le prince de Condé en 1562 prit Rouen, et Colligny ne put se rendre maître d'Evreux.

En 1590, Henri IV battit les ligueurs du duc de Mayenne à Ivry-la-Bataille. La paix fut rétablie dans le département sous Henri IV, il la conserva sous les règnes de Louis XIV, XV, XVI, jusqu'en 1789, où il accepta la Révolution sans enthousiasme.

La Chouannerie compta des partisans dans l'Eure.

5

La paix rétablie par le premier Consul fi renaître la prospérité dans le pays.

En 1870, l'invasion vint de nouveau troubler cette prospérité et dans cette malheureuse guerre, on se défendit énergiquement dans ce pays; à Etrepagny, Gisors. Pacy, Vernon, Bourgtheroude.

POPULATION

La population du département diminue tous les ans, et à chaque recensement, on constate que ce département devient de moins en moins peuplé; si nous consultons les dénombrements, nous pouvons le voir facilement.

DATE DES DÉNOMBREMENTS	POPULATION	AUGMENTATION	DIMINUTION
1821	416.178 habitants	»	»
1831	424.248 —	8.070	»
1841	425.780 —	1.532	»
1851	415.779 —	»	10.003
1861	398.661 —	»	17.116
1866	394.467 —	»	4.194

TOTAUX. . . 9.602   31.313
9.602

Différence en faveur de la diminution. .   21.711

Cette diminution tient au bien-être, à l'économie, à l'égoïsme dans lequel on vit maintenant et qui rend les familles moins nombreuses. Les émigrations n'ont eu que peu de part dans cette diminution.

En 1881, au dernier recensement, la population s'élevait à 364.291 habitants. Sous ce rapport il arrive le 42ᵉ par ordre.

Le nombre des habitants divisé par celui des hectares donne environ 60 habitants par 100 hectares.

La langue française est la seule parlée dans le département.

Presque tous les habitants sont catholiques.

La vie moyenne est de 41 ans.

Le caractère est peu variable dans ce département ; générale-ment les habitants sont peu actifs, leurs passions sont calmes ; ils s'emportent rarement, on pourrait même dire qu'ils sont un peu mous ; mais en revanche, ils ont de la tenacité dans les idées, et, sous une écorce souvent rude, ils cachent un grand fond de finesse et un jugement droit. Sans être dissimulés, ils ne livrent jamais leur pensée entière ; ils ont toujours une réticence à leur service, ils sont ombrageux et se méfient de tout.

Le degré d'instruction est assez élevé dans le département, et on peut établir les proportions suivantes :

Ne sachant ni lire ni écrire.	1.064	
Sachant lire.	1.225	Deux sexes.
Sachant lire et écrire.	5.796	
Dont on n'a pu vérifier l'instruction.	317	

VOIES DE COMMUNICATION

Les Romains sont les premiers qui se soient occupés du ser-vice public des chemins, mais ils le faisaient seulement au point de vue stratégique dans les pays soumis à leur domination, et l'on trouve encore sur une foule de points dans le département des traces de leurs voies militaires.

Charlemagne fit réparer les voies romaines et confia l'inspec-tion des chemins publics à des commissaires généraux appelés *Missi* qui furent départis dans les provinces.

Plus tard, les Commissaires furent supprimés, et la police des chemins confiée à différentes juridictions entre lesquelles des conflits d'attributions s'élevaient fréquemment. Henri IV voulant y mettre un terme créa un office de grand Voyer; mais Louis XIII supprima cette charge et créa un Directeur des Ponts et Chaussées.

La largeur des chemins fut fixée à 60 pieds par arrêt du conseil du roi du 3 mai 1720. Un arrêt du conseil du roi du 6 février 1776 divisa les routes en 4 classes dont il détermina les largeurs.

Le département de l'Eure, grâce à l'initiative de ses préfets et du Conseil général, est un des mieux dotés sous le rapport des voies de communication.

CHEMINS DE FER

Le département de l'Eure est traversé par quinze chemins de fer ayant un développement total de 513 kilomètres.

1° Le chemin de Paris à Cherbourg passe du département d'Eure-et-Loir dans celui d'Eure tout près de Bueil, — parcours 95 kilomètres.

2° Le chemin de fer de Paris à Dieppe par Gisors parcourt l'extrémité Nord-Est du département, — parcours 9 kilomètres.

3° Le chemin de fer de Gisors à Pont-de-l'Arche, 54 kilomètres qui passe à Romilly-sur-Andelle et raccorde la ligne de Gisors à Paris et à Dieppe et la ligne de Paris au Waru à Pont-de-l'Arche.

4° Le chemin de fer de Gisors à Vernon et à Pacy-sur-Eure, il y a un parcours de 56 kilomètres ;

5° Le chemin de fer de Paris à Rouen (44 kilomètres) passe du département de Seine-et-Oise dans celui de l'Eure à 3 kilomètres en deçà de Vernon ;

6° Le chemin de fer d'Elbeuf à Dreux pénètre sur le territoire de l'Eure à 1.500 mètres au delà de St-Pierre-les-Elbeuf. Parcours 75 kilomètres;

7° L'embranchement de Louviers à St-Pierre-du-Vauvray (6 kilomètres) relie la ligne précédente à celle de Paris à Rouen;

8° Le chemin de fer d'Acquivy à Évreux (21 kilomètres);

9° Le chemin de fer de Serquigny à Rouen (36 kilomètres de parcours);

10° L'embranchement de Glos-Monfort à Pont-Audemer (16 kilomètres);

11° Le chemin de fer de Paris à Granville qui traverse le sud du département a un parcours de 38 kilomètres;

12° Le chemin de fer de Conches à Laigle se détache de la ligne de Paris à Cherbourg à 3 kilomètres de Conches, — parcours 28 kilomètres;

13° La ligne de Gisors à Beauvais n'a qu'un kilomètre dans le département;

14° La ligne d'Échauffour à Bernay (26 kilomètres);

15° L'embranchement de la Trinité à Lisieux se détache à la Trinité de la ligne précédente, et 8 kilomètres plus loin entre dans le Calvados.

De plus nous trouvons plusieurs lignes en construction comme celle de Pont-Audemer à Quetteville, d'Évreux au Neubourg.

ROUTES NATIONALES

On compte onze routes nationales d'un développement de 464 kilomètres.

1° La route n° 12 de Paris à Brest, entre à St-Georges-sur-Avre, et en sort à Armentières, après un parcours de 33.095 mètres;

N° 13 de Paris à Cherbourg 83.015 mètres, passe à Pacy, Évreux;

2° n° 14 de Paris au Havre, entre dans l'Eure à Giverny, se dirige du sud-est au nord-ouest, traverse l'arrondissement des Andelys sur une étendue de 36.318 mètres, passe aux Thillers, Écouis et Fleury-sur-Andelle ;

3° n° 14 (bis), Auxiliaire, prend naissance dans l'intérieur de Gisors en s'embranchant sur la route n° 15, après un parcours de 25.504 mètres va se réunir à Écouis à la précédente.

4° n° 15. De Paris à Dieppe ne touche le département que sur un parcours de 7.138 mètres et sur deux points, Gisors et Bouchevillers ;

5° n° 24. De Paris à Grandville, part de Verneuil, se dirige vers l'ouest, entre dans l'Orne, après un développement de 11.869 mètres ;

6° n° 30. De Rouen à la Capelle, traverse le territoire de Vascail sur une étendue de 2.577 mètres ;

7° n° 138. De Bordeaux à Rouen, entre dans l'Eure aux Essarts, et en sort à Rosbenau, Commin. Son développement est de 60.119 mètres ;

8° n° 154. D'Orléans à Rouen, se dirige du sud au nord, traverse les arrondissements d'Évreux et de Louviers et une pointe de celui des Andelys sur une longueur de 61.153 mètres;

9° n° 180. De Harfleur à Rouen, parcours 50.740 mètres ;

10° n° 181. D'Évreux à Breteuil (Oise), s'embranche à Pacy sur la route n° 13, elle a un parcours de 42.897 mètres ;

11° n° 182. De Mantes à Rouen, longe la rive gauche de la Seine sur une longueur de 43.290 mètres, passe à Pont-de-l'Arche où elle emprunte la route n° 154.

Il y a 27 routes départementales ayant une longueur de 798 kil. 853 mètres.

En voici la désignation :

N° 1. — De Rouen au Mans, part d'Elbeuf, 65.510 mètres.

N° 3. — De Chartres à Lisieux passant par Montreuil-l'Argillé, 19.951 mètres ;

N° 4. — De Paris à Honfleur. passe par Heudebouville, Louviers et Pont-Audemer, 45.700 mètres ;

N° 5. — Des Andelys à Paris, va rejoindre au susdit n° et la route Impériale n° 14, 14.488 metres ;

N° 6. — Des Andelys à Rouen, passe par Pont-St-Pierre, 20.220 mètres ;

N° 7. — De Vernon aux Andelys, 19.214 mètres ;

N° 8. — De Vernon à Magny, passant à Gasny, 10.455 mètres ;

N° 9. — D'Évreux à Alençon par Conches et Rugles 46.582 mètres ;

N° 9 bis. — Suit une direction parallèle à la précédente passe à la Bonneville, 7929 mètres ;

N 10. — De Pont-Audemer à Évreux, 25.600 mètres ;

N° 11. — De Rouen à Falaise, 13.819 mètres ;

N° 12. — De Bourgtheroude à Gournay, passant par Pont-de-l'Arche, Pont-St-Pierre, 47.035 mètres ;

N° 13. — De Bernay à Louviers, 47.817 mètres ;

N° 14. — De Rouen à Caen, 8.016 mètres ;

N° 15. — De Louviers à Gournay, 37.650 mètres ;

N° 16. — De Louviers à Elbeuf, 9.430 mètres ;

N° 17. — De Neubourg à Pont-l'Évêque par Brionne, 29.400 mètres ;

N° 18. — De Bernay à Lisieux, 12.590 mètres ;

N° 19. — De Lisieux à Aizier, 40.450 mètres ;

N° 20. — De Damville à Pont-Audemer, 76.570 mètres ;

N° 21. — De Rugles à Pacy avec embranchement vers l'Eure-et-Loir, 74.555 mètres ;

N° 22. — D'Évreux aux Andelys par Gaillon 26.650 mètres ;

N° 23. — De Louviers à Dreux par Acquigny, Ivry-la-Bataille, 45.400 mètres ;

N° 24. — De Bourgtheroude á la Mailleraye avec embranchement sur Bourg-Achard, 19.000 mètres ;

N° 25. — De Thiberville á Orbec, 12.000 mètres;

N° 26. — De Gisors à la Roche-Guyon, 11.045 mètres ;

N° 27. — De Verneuil à Château-neuf, 2.370 mètres.

Le service des Ponts et Chaussées est compris dans la première division ; il est confié á un ingénieur en chef, trois ingénieurs ordinaires et un conducteur faisant les fonctions d'ingénieur.

Chemins vicinaux. — Un agent voyer en chef, un agent voyer en chef adjoint, cinq agents voyers cantonaux sont chargés de tout ce qui concerne les chemins vicinaux.

Les chemins se divisent en chemins de grande communication, chemins d'intérêt commun et chemins vicinaux ordinaires.

Les chemins de grande communication ont une longueur de 2402 kilomètres.

Les chemins d'intérêt commun, 902 kilomèt. 759.

Les chemins ordinaires, 5742 kilomèt. 864.

NAVIGATION

Les fleuves, les rivières et les canaux peuvent contribuer aussi à faciliter l'écoulement des produits agricoles; c'est même souvent, lorsqu'on peut s'en servir, le mode de transport le moins onéreux.

La Seine est navigable dans tout son cours à travers le département.

L'Eure n'est guère navigable que de Louviers à la Seine.

Le tonnage (884 tonnes en 1876), est descendu à 350 tonnes en 1877.

La Rille, dont la navigation est essentiellement maritime, a eu, en·1877, un tonnage de 21.215 tonnes pour 640 bateaux : c'est-à Pont-Audemer que commence la navigation proprement dite.

INDUSTRIE

On peut classer le département de l'Eure, sous le rapport industriel, parmi les vingt plus riches de France ; depuis les XIIIe, XIVe, et XVe siècles, il a toujours été en possession de nombreux établissements et usines consacrés à l'industrie. Déjà à ces époques éloignées, la tannerie et la métallurgie étaient florissantes dans nos contrées.

Aujourd'hui encore, la fabrication des draps, la filature et le tissage du coton, du chanvre et du lin, doivent être classés au premier rang de l'industrie, vient ensuite la métallurgie.

Industrie textile. L'industrie textile est la branche la plus importante de la fabrication du département. On peut diviser l'industrie textile en plusieurs catégories :

Filature et tissage de coton ;

Filature et tissage de lin ;

Filature et tissage de chanvre

Filature de soie.

Tissus divers.

L'Industrie cotonnière comprend dans le département la filature et le tissage des toiles, calicots, rouenneries et les aubans. La filature et le tissage y sont représentés par 83 établissements mis en activité par 4710 chevaux de force hydraulique ou chevaux vapeur. Ces établissements renferment 430.358 broches et 4870 métiers à tisser, occupent 9117 ouvriers.

Les endroits où l'on trouve le plus de filatures et de tissage du canton sont Brionne, Charleval, Evreux, Fleury-sur-Andelle, Nonancourt, Perruel. Radepont, Romilly-sur-Andelle.

La fabrication des rubans de coton a pris un grand développement à Thibeville, elle occupe 5.000 métiers et 10.000 ouvriers.

Le lin et le chanvre ne sont guère travaillés que dans les arrondissements de Bernay et de Pont-Audemer où l'on y trouve à Bernay ou dans les environs 18 fabriques mécaniques pour le teillage, 2 filatures de lin : Evreux, 2 de teillage mécanique ; Pont-Audemer, 3 de teillage du lin et 3 filatures.

Les coutils d'excellentes qualités sont fabriqués à Evreux et dans les environs.

La filature de la France et la fabrication des draps a une grande importance à Bernay et à Louviers où il se fabrique annuellement de 16 à 17.000 pièces de draps. On y fabrique les draps de nouveautés et les flanelles. De plus, aux environs, on fabrique beaucoup de draps sur des métiers à main, et dans l'arrondissement de Bourgtheronde 12 a 15.000 ouvriers tissent le drap pour les négociants d'Elbœuf.

On compte dans le département 57 fabriques à fouler et à dégraisser les draps ; et la laine est transformée par 54 établissements occupant 3.150 ouvriers et mus par 1.715 chevaux. Le nombre total des broches est de 91.734, celui des métiers d'environ 900, dont près de 500 à bras.

Le moulinage ou le retordage de la soie emploie aux Andelys 900 ouvriers dans 4 ateliers (3.000 fuseaux).

Bernay et Charleval fabriquent des casquettes et font travailler 250 ouvriers.

Les chaussons de lisières sont fabriqués à Saint Pierre du Vauvray et à Pont-de-l'Arche par 362 ouvriers.

Les tanneries ou mégisseries sont assez abondantes, et en 1878 on en comptait 36 employant 46 ouvriers : c'est surtout à Gisors, aux Andelys et à Pont-Audemer que cette industrie est florissante et où elle existe de toute ancienneté ; de plus 25 moulins à tan travaillent pour les tanneries.

Les Papeteries sont au nombre de 20 à Saint-Roch, Moussel, Montreuil-Largile, Croth-Sorel, Pont-Audemer, etc.

Les vingt imprimeries dans les arrondissements d'Evreux, de Louviers, des Andelys, etc.

On fabrique dans beaucoup de localités de l'arrondissement des Andelys, des dentelles dites de Chantilly, des gants et de la tapisserie à Etrépagny et à Gaillon.

Habillement. L'arrondissement de Bernay possède une fabrique mécanique de chemises pour l'exploitation.

Tabletterie. On compte dans l'arrondissement d'Evreux, à Ezy, Bois-le-Roi, l'Habit, 17 fabriques dont 4 pour procédés mécaniques, de peignes et objets en corne, buffle et ivoire, 3 fabriques de boutons, une fabrique de dominos à Dangu.

Instruments de musique. Il y a trois fabriques d'instruments de musique importantes dans l'arrondissement d'Evreux à la Couture Boussey, Etrépagny et les Andelys.

Eclairage. On trouve, outre les usines à Gaz, des fabriques de bougies et de chandelles, à Evreux, Bernay, les Andelys.

Produits chimiques. Une fabrique de colle forte et de broyage de couleurs existe à Fleury-sur-Andelle ainsi qu'une usine de vinaigre de bois.

Bois. Le pays étant assez boisé, l'industrie des bois est assez développée; on trouve 245 établissements de tourneurs, 20 scieries mécaniques, et l'industrie des sabots en bois fait vivre 2.932 personnes dans le département.

Industrie relative à la science. Tout le monde ne peut ignorer la célèbre fabrique de Saint-Aubin d'Ecrosville par les pièces anatomiques du Dr Auzoux, laquelle occupe 66 ouvriers.

Métallurgie. C'est dans l'arrondissement d'Evreux que l'industrie métallurgique compte le plus grand nombre d'établissements, il renferme entre autres grands établissements 7 hauts fourneaux, 21 fabriques de ferronnerie et quincaillerie, 11 tréfileries de fer et de laiton, 5 clouteries mécaniques; 28 fabriques d'épingles à la mécanique, 6 usines à polir les métaux ; 6 lamineries et un établissement de construction de machines.

Les pays où sont ces établissements sont : Evreux, Breteuil, etc.

Le moulinage et le retordage de la scie emploient aux Andelys 900 ouvriers dans 4 ateliers (3.000 fuseaux).

L'arrondissement des Andelys possède 8 lamineries de zinc et de cuivre, une fabrique de clous à la mécanique et un établissement de construction de machines qui sont situés à Romilly-sur-Andelle (235 ouvriers).

Il existe, tant à Pont-Audemer que dans les environs, un haut fourneau, 3 polissages de métaux, 1 laineries et 2 fabriques de quincaillerie, 3 clouteries mécaniques sont exploitées dans l'arrondissement de Bernay; enfin, 10 ateliers de construction de machines sont en activité à Louviers et dans les environs.

Un grand nombre d'habitants du canton de Breteuil sont occupés à la fabrication des clous, des pointes et des objets nécessaires à l'équipement de la cavalerie, tels que : mors de brides, bouclerie, éperons, etc. Dans le canton de Rugles, les femmes fabriquent à domicile des épingles et des agrafes au moyen de petits métiers à la main.

Les hommes fabriquent des clous et de la grosse quincaillerie, pour le compte, soit de maîtres cloutiers, soit de négociants.

On confectionne aussi dans le canton de Pont-Audemer divers objets de quincaillerie fine.

L'industrie métallurgique fait vivre dans le département 8.716 habitants.

Industrie se rattachant à l'agriculture. La fabrication du sucre a pris, depuis quelques années, un certain développement : 4 sucreries (1.034 ouvriers) ont fabriqué, en 1878, 44.500 quintaux métriques de sucre et 24.500 de mélasse. Ces établissements se trouvent répartis ainsi : Trois dans l'arrondissement des Andelys, un dans celui de Bernay.

Les fabriques d'alcool, au nombre de 8, sont localisées dans les environs des Andelys et d'Evreux ; cependant, nous dirons que l'on fabrique également, dans les arrondissements de Bernay et Pont-Audemer, des eaux-de-vie de cidre qui se vendent sur place.

Bernay, Evreux, Verneuil, Vernon, Louviers, Pont-Audemer sont les seules villes où l'on brasse la bière : On compte 11 brasseries.

Les moulins a moutarde et à l'huile sont assez inégalement répartis : l'arrondissement de Pont-Audemer possède un moulin à moutarde et 9 a l'huile, et celui de Louviers n'en renferme aucun.

Les moulins à blé se trouvent généralement placés le long des rivières, et l'on compte dans le département 309 moulins qui occupent 332 ouvriers.

Industrie du verre, des tuiles et des briques. Autrefois le département renfermait un assez grand nombre de verreries , il n'y en a plus qu'une aujourd'hui dans les environs de Bernay. L'arrondissement d'Evreux a le privilège des meules à moulins : on fabrique la poterie spécialement dans les cantons de Pont-Audemer et de Bouzeville.

On fabrique de la chaux, du plâtre, des tuiles et briques dans tous les arrondissements, mais dans des proportions bien différentes ; ceux d'Evreux et de Louviers ont plus de soixante tuileries et briqueteries, tandis que celui de Pont-Audemer n'en a que quinze.

Les fabriques de plâtre et de chaux se répartissent à peu près également dans les arrondissements : il y a 18 fabriques de plâtre et 68 fabriques de chaux.

Les scieries de pierres et de marbres sont localisées dans les arrondissements d'Evreux et de Pont-Audemer ; ce dernier renferme en outre un moulin à ciment.

Ces différentes industries font vivre 2.954 individus.

COMMERCE

Le commerce du département s'exerce particulièrement sur les produits de l'agriculture et les produits manufacturés.

On importe : la laine, le coton pour la filature et le tissage; le vin, le sucre, le sel, la soie pour la confection de la dentelle et des travaux de passementerie; la fonte de fer, le zinc, le cuivre, l'ivoire, les cornes, les buffles, les os, pour la tabletterie, les chevaux et autres bestiaux, la houille et les bois exotiques.

L'exportation comprend les grains et les farines, le beurre, les œufs, les fruits, les volailles, les matières textiles, les bois communs, les cuirs, les dentelles, les gants, la tapisserie, les chemises, les casquettes, chaussures, épingles, pointes, clous, objets de sellerie et de quincaillerie, ferronnerie, zincs et cuivres laminés, des draps, tissus de laine et de coton, de lin et de chanvre, etc.

En un mot ce qui est produit dans le département.

AGRICULTURE

Le sol du département de l'Eure est un des plus fertiles de France, et sa variété permet les cultures les plus diverses.

La propriété est divisée en un grand nombre de parcelles;

L'étendue des exploitations n'est pas toujours en rapport avec celle des propriétés, et beaucoup de domaines sont loués par parcelles.

Les terres arables occupent la plus grande partie de la superficie; les prés et herbages sont situés plus particulièrement dans le fond des vallées; quelques rares vignobles, traces d'une culture autrefois très développée, ne se rencontrent plus que sur les coteaux les mieux exposés des rivières d'Avre, de l'Eure et de la

Seine. Les bois et les forêts couvrent les versants souvent escarpés des collines.

Les plateaux sont de véritables plaines à céréales ; la vallée de la Seine et celle de l'Eure, après le confluent de l'Iton, sont livrées non seulement à la culture des céréales, mais encore à celle des gros légumes, de la Gaude, du Chardon ou Cardère.

La culture se divise en grande, moyenne et petite culture.

La moyenne culture comprend de 30 hectares à 10 ¹ hectares.

La petite culture comprend au-dessous de 30 hectares.

Division agricole du département — Le département se divise ainsi : sur les 595.765 hectares on compte :

Nature du sol.	Superficie. Hectares.
Terres labourables.	379.051
Vignes.	1.136
Bois..	109.888
Prés.	33.240
Pâturages et pacages.	11.170
Terres incultes, landes.	1.597
Superficies bâties, voies de transport, rivières, etc.	49.683
Total égal.	595.765

MODE D'EXPLOITATION. — CONDITIONS
DE LOCATION

L'exploitation par les propriétaires est rare dans le département ; c'est le fermage à prix d'argent qui est le plus usité. Il n'existe que quelques rares colons ou métayers cultivant la terre à moitié avec leurs propriétaires, et ces colons ne se trouvent que dans les arrondissements de Bernay.

Le sol a acquis depuis le commencement du siècle une valeur progressive bien inférieure à l'intérêt de l'argent.

Et dans le Vexin, partie du département où l'on trouve les plus grandes exploitations et les meilleures terres, le prix de la location et de la vente de la propriété est en moyenne par hectare :

Classes.			Valeur vénale.	Prix de fermage.
Terres de 1re classe	. . .	3.000 »		100 »
—	2e	—	2.500 »	90 »
—	3e	—	2.500 »	75 »
- -	4e	—	1.800 »	60 »
Moyenne.	. . . .	2.450 »		81 25

Le revenu représente donc 3 1/2 pour 100 du capital foncier.

Les impôts sont presque toujours mis à la charge du fermier, sans diminution du prix de son bail ; il reste aux propriétaires les autres charges, telles que les réparations, primes d'assurances contre l'incendie des bâtiments de la ferme ; presque toujours le fermier est tenu de charrier les matériaux pour la construction et les réparations, de laisser une certaine quantité de paille et souvent une étendue déterminée de prairies artificielles.

Les redevances d'œufs, de volailles, foin, paille, céréales qui autrefois étaient stipulées dans les baux ont presque disparu complètement.

Les baux sont ordinairement de 12 à 15 ans dans le Vexin ; dans d'autres parties du département, ils ont une durée moindre, mais dans la grande culture, ils ont une tendance à accroître leur durée.

Dans la grande culture les payements se font en trois termes : Noël, Pâques et la Saint-Jean, dans la petite, moitié à la Saint-Jean et moitié à Noël.

Le morcellement, qui a une cause funeste pour les progrès de l'agriculture, est assez considérable dans le département.

SALAIRE. — MAIN D'ŒUVRE.

Le personnel agricole est loin d'être en rapport avec les besoins actuels d'une culture perfectionnée qui exige un plus grand nombre de bras; le déficit est d'environ un quart.

Cette insuffisance peut être attribuée à ce que les familles sont moins nombreuses qu'autrefois. au grand développement de l'industrie et du commerce qui accapare les ouvriers. les grands travaux des villes où les ouvriers courent gagner un argent plus considérable que celui qui est donné pour les travaux agricoles. De plus l'instruction étant répandue, les enfants d'ouvriers. dès qu'ils savent quelque chose. abandonnent les campagnes pour courir à la ville et demander des emplois qui souvent sont moins rémunérés que les travaux qu'ils pourraient faire à la ferme; il y a dans ces temps un oubli pour l'agriculture. Tout le monde veut devenir homme de ville.

J'ai dit en commençant que les familles étant moins nombreuses, la population effective du département devait nécessairement diminuer. Si nous nous reportons au chapitre de la population, nous voyons que, par ménage. le nombre d'enfants est de 2/15, et qu'en 1841 le chiffre de la population était de 415.777, vingt-cinq ans plus tard. en 1866, la population n'était plus que de 394.167, c'est-à-dire, une diminution de :

    1841 à 1851 de 23 81 pour 100 ;
    1851 à 1861 de 42 14   —
    1861 à 1866 de 21/20   —

Et depuis 1866 la population a encore été en décroissant.

Le recensement de 1881 a donné comme nombre 364.291 habitants.

Certains instruments perfectionnés qui ont pour but de réduire

7

la main d'œuvre ont forcé les habitants, remplacés pas ces instruments, à quitter les campagnes pour pouvoir trouver leur vie ; c'est ainsi que les moissonneuses, faucheuses, faneuses, ont remplacé les ouvriers travaillant à la faux ; les batteuses ont aussi supprimé les batteurs en grange.

La grande moralité qui existait autrefois dans les campagnes et qui tend de jour en jour à disparaître, a aussi une part dans l'abandon des campagnes. l'ouvrier rural entendant parler des plaisirs de la ville, quitte ses champs pour aller aussi prendre part à ces plaisirs.

Toutes ces considérations que l'on vient d'énumérer ont augmenté les salaires en proportion de la rareté des bras. Des ouvriers agricoles à l'année ou au mois, qui résident à la ferme, gagnent en moyenne 45 francs par mois ; quant à ceux qui travaillent à la journée, leur salaire varie, suivant qu'ils sont ou ne sont pas nourris, de 2 à 3 francs.

Le prix de la journée est pour les femmes de 2 francs et pour les enfants de 1 fr. 50

Les gages des servantes de fermes sont en moyenne de 400 francs ; ceux des charretiers de 6 à 700 francs ; des vachers de 700 à 750 francs ; ceux des bergers de 800 à 1.000 francs.

Instruments. — Les machines à battre commencent à être vulgarisées dans le pays, toutes les grandes fermes en possèdent qui fonctionnent au moyen d'un manège. Il y a aussi des batteuses mues par des locomobiles et battant les récoltes pour un prix donné qui est généralement de 25 francs les 1.000 gerbes.

L'avantage des semoirs commence à être compris et on les trouve dans les grandes exploitations. Comme autres instruments, nous trouvons les charrues du pays, des scarificateurs, extirpateurs, fouilleuses, houet à cheval, butoirs, herses-rouleaux, coupe-racines, hache-paille.

Le progrès de la machinerie agricole a été très sensible dans le département depuis que des constructeurs s'y sont établis et notamment pour la contrée du Vexin. M. Pinel qui reste au Thil, près Etrépagny.

Population agricole. — Le tableau ci-après fera connaitre par arrondissement, le nombre des personnes attachées à l'agriculture et qui en vivent dans le département :

ARRONDISSEMENTS	CHEFS D'EXPLOITATION		NOMBRE d'exploita- tions	Agents, Employés et Ouvriers et Ouvriers à l'année		DOMESTIQUES		VIVANT de l'agricul- ture
	Hommes	Femmes		Hommes	Femmes	Hommes	Femmes	
Les Andelys.	6.137	2.902	3.041	1.838	752	1.378	765	25.227
Bernay	7.222	5.425	4.264	1.468	661	1.968	1.693	36.738
Evreux	13.958	8.883	7.082	2.061	1.095	2.105	1.473	51.740
Louviers.	6.037	2.423	3.894	889	519	827	628	24.032
Pont-Audemer.	5.386	1.766	7.013	5.329	3.851	4.360	1.619	35.103
TOTAUX.	38.760	21.399	25.294	11.585	6.878	10.638	6.178	172.840

Il en résulte que, proportionnellement à la perfection, le nombre des individus, vivant de l'agriculture sont, dans l'arrondissement des Andelys, de 44/63 pour 100, de 50/55 pour 100 dans celui de Bernay ; de 44-49 pour 100 dans celui d'Evreux ; de 35/69 pour 100 dans l'arrondissement de Louviers et de 45/36 pour 100 dans celui de Pont-Audemer.

L'arrondissement de Louviers est donc celui où l'agriculture fait vivre le moins grand nombre proportionnel d'individus, et l'arrondissement de Bernay celui qui, sous ce rapport, a la supé-rité.

FUMIERS — ENGRAIS — AMENDEMENTS — DES TERRES

Les engrais les plus employés sont le fumier de ferme produit dans l'exploitation ; mais la production du fumier n'est pas assez abondante dans les fermes pour que l'on puisse restituer au sol ce qu'on lui a pris. Les causes de ce manque de fumier sont :

L'assolement où il n'entre pas assez de plantes fourragères qui permettent d'entretenir un bétail pour lui avoir du fumier.

Dans les exploitations bien entendues, le fumier est mieux soigné qu'il ne l'était il y a vingt ans. On a fait des fosses à fumier et l'on recueille aujourd'hui le purin ; cependant il y encore beaucoup à faire pour empêcher la déperdition d'une assez grande quantité de fumier dans les cours des fermes.

Le nombre des bestiaux est dans chaque exploitation proportionné à l'étendue des terres ; néanmoins les apports d'engrais étrangers sont indispensables pour compenser les exportations de grains, bestiaux, etc., et la compensation se fait par des engrais naturels ou artificiels ; ceux qui sont le plus employés, sont : *le guano et le tourteau*.

Le parcage des moutons et des vaches est un mode de fumure également usité ; il est établi que 300 moutons fument un hectare de terre en 25 nuits en changeant le parc 2 fois par nuit.

Depuis les temps les plus reculés, la marne est employée comme amendement et produit des effets excellents dans les terres argileuses et compactes. On la trouve presque partout à une faible profondeur, elle coûte un franc le mètre cube.

Les marnages se pratiquent en général une fois dans un bail et ils reviennent à environ 120 francs par hectare, ce qui, pour un bail de douze ans, fait une dépense de 10 francs par hectare.

Les chaulages coutent cher et ne sont généralement pas faits.

PROCÉDÉS DE CULTURES. — ASSOLEMENTS.

Dans l'arrondissement d'Évreux, l'assolement le plus généralement suivi est l'assolement triennal avec jachères couvertes et une sole de prairie artificielle (Luzerne et Sainfoin) en dehors de la rotation. On fait aujourd'hui un peu plus de plantes fourragères qu'autrefois : la jachère morte disparaît. sauf dans quelques cantons Sud-Ouest de l'arrondissement pour faire place à la culture intensive. à la culture des racines. des trèfles. sainfoins : nous devons dire que, dans cette partie du département. la culture fourragère paraît être arrivée à son maximum de développement. et que l'élevage du mouton qui tend chaque jour à se perfectionner ainsi que l'engraissement du bœuf y est pratiqué sur une grande échelle.

Dans l'arrondissement des Andelys. où se voit particulièrement la grande culture, l'assolement alterne tend à prédominer : son adoption a fait disparaître la jachère et l'ancien assolement triennal au moins en grande partie.

Le cours à deux soles ou deux saisons est suivi principalement par les cultivateurs des arrondissements de Bernay. de Pont-Audemer et d'une partie de celui de Louviers.

Dans l'assolement triennal. on sème : la première année du froment ; l'année suivante. de l'orge. de l'avoine ou du blé de mars, et la troisième des menus grains. bisaille, etc.. ou bien on laisse la terre se reposer : mais la jachère morte tend à disparaître.

On sème du blé de deux ans en deux ans d'après le système de cours à deux soles.

Dans l'arrondissement des Andelys, on cultive en plus grande quantité les prairies artificielles et les racines ; c'est celui qui a le moins de jachères.

La vigne n'est cultivée que dans les arrondissements des Andelys, Évreux, Louviers, dans ceux de Bernay et de Pont-Audemer ; elle n'est pas cultivée. Mais. par contre, ce sont ceux-là où les plantations d'arbres à cidre jouissent le plus de faveur.

Les pâturages et les landes se répartissent d'une façon presque proportionnelle. Quant aux bois et forêts, c'est l'arrondissement de Louviers qui en renferme la plus grande étendue, eu égard à la superficie de son territoire.

DESSÈCHEMENTS

Depuis cinquante ans, l'étendue des dessèchements opérés dans notre département a été peu importante, excepté pour l'arrondissement de Pont-Audemer où l'on a converti en bonnes prairies 1475 hectares faisant partie du marais Vernier.

Le nombre d'hectares desséchés se répartit entre les arrondissements de la manière suivante :

Évreux.	12 hectares.
Bernay.	» »
Les Andelys.	70 »
Louviers.	3 »
Pont-Audemer.	1.475 »
Total.	1.560 hectares.

Et de jour en jour par des travaux d'endiguement on dessèche le marais Vernier et on espère que bientôt on pourra remplacer cette immense étendue de marécages par des terres à pâturages.

DRAINAGE

La superficie des terres à drainer dans le département peut être évaluée à 1/7, et une grande partie des plateaux du département, notamment dans la région Sud-Ouest, pourraient être drainés.

Jusqu'à présent on ne compte que 684 hectares 87 ares de terres drainées : 135 hectares 28 ares par les soins de l'administration et 549 hectares 59 ares sans ses soins.

Ce qui empêche de drainer, c'est le défaut d'argent dans certaines propriétés, et l'ignorance où souvent les cultivateurs sont des choses qui pourraient améliorer leurs terres.

IRRIGATION

La contenance des prairies arrosées ou arrosables dans les vallées autres que celles de la Seine, est évaluée à 15.000 hectares.

Dans cette dernière vallée, les arrosements ont lieu par débordements et presque partout ailleurs au moyen de rigoles.

Les irrigations naturelles ont fait voir l'utilité qu'elles ont pour les prairies, et le nombre de prairies irriguées a plus que doublé en moins de quinze ans. En 1852, il était seulement de 6.230 hectares ; mais généralement on irrigue trop, ce qui fait pousser dans les terres des plantes mauvaises ou nuisibles, telles que : joncs, laiches, carex et herbes sûres et toutes les plantes qu'un excès d'humidité fait développer.

PRODUCTION DU SOL

Pendant longtemps la culture du département a été exclusivement agricole, c'est-à-dire, qu'elle ne produisait que des céréales ; elle est devenue commerciale et tend à devenir industrielle par la création de sucreries et de distilleries ; elle a aussi augmenté en herbage.

FROMENT

Le froment est la plus importante de toutes les céréales que l'on cultive dans le département, non seulement à cause de l'étendue de terre que l'on y consacre, deux tiers environ du sol labourable, mais en raison du rôle important qu'elle joue dans l'alimentation ; en effet, dans le pays, le pain est uniquement formé de farine de blé froment.

Les variétés que l'on cultive sont peu nombreuses et on les change rarement, elles sont :

1° Blé bleu de Noë. C'est un blé d'automne et de printemps, à épi plat, élargi, assez lâche, dressé, glumelles longues et aiguës, pourvues d'arêtes assez développées, tout l'ensemble garde même jusqu'à la maturité une teinte glauque. Le grain est jaune, gros, court, renflé, bien plein, obtus aux extrémités, la paille blanche, courte, raide, grosse, bien neuse.

Vient de l'Ile-de-Noë. Ce blé demande une terre riche, pourvue de calcaire et saine. Il a l'inconvénient de se rouiller et d'être attaqué par le charbon.

Blé blanc de Flandre : synonymes : Blé de Bergues : blanc blé, blé suisse ; c'est un blé d'hiver, à épi presque carré, grains gros, bien plein, long, aminci aux extrémités, très blanc, paille blanche, droite, forte et assez haute.

Le blé de Flandre est un de ceux avec lequel on obtient le plus fort rendement : 40 et même 50 hectolitres à l'hectare dans certaines cultures. Il ne résiste pas toujours à l'averse malgré la force de sa paille.

Blé de Mars, barbu, ordinaire. — Blé tendre de printemps à paille de hauteur moyenne, fine, assez forte, épi demi-compacte, légèrement aplati, à barbes blanches, moyennes et peu divergentes, grain jaune ou rougeâtre, bien plein, de grosseur moyenne, demi glacé.

Le blé de Mars est une variété très ancienne, très productive, et rustique, convenant aux terrains médiocres, résiste à l'averse et ne s'égrène pas facilement à la maturité.

Blé chiddam blanc de Mars de printemps. Paille blanche, fine, de hauteur moyenne, épi blanc, lâche, mince, très effilé, muni vers le sommet de petites barbes courtes. Grain blanc, pointu, assez renflé, généralement plein. Le blé chiddam blanc de Mars est des plus productifs blés pour les bonnes terres.

Nous donnons dans le tableau suivant l'étendue des terres ensemencées en blé depuis 1852 à 1865 et 1878.

ANNÉES	HECTARES ENSEMENCÉS	RENDEMENT PAR HECTARE	POIDS DE L'HECTOLITRE	PRIX DE L'HECTOLITRE
		hectolitres	kilogrammes	francs
1852	117.287	15 46	76 98	17 70
1865	117 309	16 20	75 60	16 61

En 1878, le froment a produit 1.018.336 hectolitres du poids moyen de 73 kilog. et se vendant 17 fr. 25 l'hectolitre.

En 1883, 1.897.457 hectolitres du poids de 76 kilog. l'hectolitre se vendant 17 fr. 50.

MÉTEIL

Le méteil, qui est mélangé de blé et de seigle, n'est cultivé dans le département que dans les terres qui ne sont pas assez riches pour rapporter du blé ; on s'en sert aussi pour la nourriture de l'homme.

En 1852, on cultivait 17.351 hectares en méteil donnant 13 hectolitres 81 par hectare et valant 16 francs l'hectolitre.

ORGE

L'orge tend à augmenter dans la culture, et depuis 1804, elle a doublé pour la superficie cultivée.

Les variétés cultivées sont : l'orge chevalier qui est une variété persistante à deux rangs, à tige de 1 m. 25 ; l'épi est long, le grain gros, excellent ; est très productive. L'orge escourgeon dont on se sert pour fabriquer la bière.

8

SEIGLE

Le seigle est cultivé dans le pays pour sa paille que l'on emploie à faire des liens anglais pour rempailler les chaises et faire des chapeaux.

AVOINE

L'Avoine qui est la principale nourriture des chevaux est cultivée en grand dans un pays où la race chevaline est en grande abondance et où l'on fait l'élevage.

Les variétés connues sont :

L'avoine noire dite de Bric est une variété de printemps, à grains noirs, à panicules étalées. Son grain est lourd.

L'avoine blanche de Hongrie qui se distingue par son grain blanc. Les panicules sont serrées et tombent toutes d'un même côté, le grain est plus léger que celui de l'avoine de Bric.

Le rendement moyen de l'avoine est de 20 hectolit. 47 par hectare.

SARRASIN

Le sarrasin est peu cultivé dans le pays ; il sert surtout pour les volailles.

POMMES DE TERRE

La pomme de terre est devenue une des conquêtes les plus précieuses de l'agriculture tant pour la nourriture de l'homme que pour celle d'un grand nombre d'animaux.

L'introduction de ce précieux tubercule dans notre contrée remonte à 1788 ; elle est due en partie au baron de Breteuil, seigneur de Dangu, qui en fit venir directement d'Amérique plusieurs variétés dont il répandit et encouragea la culture dans le Vexin.

Malgré l'avantage qu'offre la pomme de terre, malgré les efforts de tous les hommes intelligents, ce n'est qu'à partir de 1817, que sa culture a pris un assez grand développement qui va du reste toujours en augmentant quoique la maladie ait nui un peu au développement de cette culture.

Le tableau ci-après fera connaître la quantité d'hectares consacrés à la culture de ce tubercule, le produit par hectare et le rendement total avec le prix moyen à différentes époques.

ANNÉES	NOMBRE D'HECTARES	PRODUIT PAR HECTARE	TOTAL DU RENDEMENT	PRIX DE L'HECTOLITRE
		Hectolitres.		Fr. c.
1804	1.245	180	224.100	3 »
1837	4.764	256 50	1.221.330	2 40
1858	3.801	250 »	950.250	3 50
1866	6.345	230 »	1.459.350	6 »
1878	»	»	502.250	4 25

Le rendement moyen est de 200 à 250 hectolitres par hectare.

BETTERAVES

On peut diviser les betteraves en betteraves à sucre et en betteraves fourragères. Cette culture tend à s'accroître à cause des sucreries et distilleries qui s'établissent dans le pays.

En 1804, il n'y avait que 75 hectares cultivés en betteraves et en 1852, 540.

La superficie occupée par cette racine a été en 1866 de 8465 hectares.

Quant au rendement, de 25.000 kilogrammes par hectare, il est arrivé à 30.000 et aujourd'hui on l'évalue à 25.000 kilogrammes.

En 1878, les betteraves ont donné un total pour le département, de 2.066.200 kilogrammes.

GRAINES OLÉAGINEUSES ET TEXTILES

Les plantes que l'on cultive pour leur huile ou pour les manufactures, sont le lin, le chanvre et le colza.

Le lin et le chanvre sont cultivés pour leurs graines et pour leurs tiges que l'on transforme en fil ; mais dans notre département, ils ne sont cultivés que dans certaines contrées.

Le colza qui autrefois avait une grande importance dans ce pays tend à disparaître.

En 1852, les graines oléagineuses étaient cultivées sur une superficie de 6045 hectares, et en 1865, les cultivateurs du département n'y ont plus consacré que 3967 hectares.

Le rendement du colza est de 25 hectolitres de graines ; celui du lin est très variable, il a été en 1852, en moyenne pour le département, de 6 hectolitres 84 litres de graines et de 2 quintaux 5 hectog. de filasse, le tout par hectare.

En 1878, le lin a donné 13005 quintaux le chanvre 144, le colza 140.990 hectolitres.

PRAIRIES NATURELLES ET ARTIFICIELLES

L'étendue des prairies naturelles a peu varié depuis 30 ans, elle a pourtant une tendance à augmenter dans certaines contrées, mais les prairies artificielles ont presque doublé : elles forment presque le tiers des terres labourables, elles occupent 63.424 hectares.

La luzerne forme la base de tous ces terrains, parce qu'elle s'accommode de presque tous ces terrains pourvu qu'ils ne soient pas trop calcaires et parce qu'elle dure de douze à quinze ans, que ses produits réunissent la quantité et la qualité. On en fait deux et trois coupes : mais souvent on fait pâturer la dernière.

Vient ensuite le sainfoin ou Bourgogne qui se plaît dans les sols légers et crayeux.

Nous plaçons ensuite, et en troisième lieu, le trèfle incarnat, qui tend chaque jour à se répandre de plus en plus ; le fourrage a l'avantage de pousser au commencement du printemps et de croître abondamment ; il utilise la jachère morte avec les minettes.

Depuis quelques années, le blé à cause de la concurrence, n'étant pas assez rémunérateur, les cultivateurs augmentent chaque jour l'étendue de leurs prairies artificielles pour produire du beurre, faire des élèves et de la viande de boucherie.

La création d'une luzernière coûte environ 300 francs par hectare, les frais de culture et de récolte s'élevant annuellement à 200 francs.

Les frais de culture du trèfle sont évalués à 180 francs et ceux pour la culture du sainfoin à 240 francs.

On cultive aussi pour le bétail la betterave fourragère et les carottes.

CULTURE DES ARBRES A FRUITS.

La culture du poirier et du pommier à cidre remonte à une époque assez reculée.

Au moyen âge, le cidre n'était pas d'un usage général comme

aujourd'hui. Ce n'est qu'au XII⁰ siècle qu'il l'emporta sur la bière qui était la boisson ordinaire des Normands.

Ce n'est qu'à partir du XII⁰ siècle que l'on commença à greffer et enter les poiriers et pommiers. Avant cette époque on faisait du cidre avec des pommes sauvages qu'on appelait des pommes de bois.

La culture des pommiers à cidre dans le département suffit grandement aux besoins de la consommation des habitants et, dans les années abondantes, elle permet l'exportation d'une certaine quantité de cidre ou de fruits.

De quinze à trente ans, un hectare de prairie planté en pommiers rapporte, année moyenne, 50 hectolitres de pommes qui, au prix de 3 francs l'hectolitre, représentent un revenu de 150 francs. On plante dans un hectare, une centaine de pommiers coutant 3 francs. Les frais nécessités pour les planter et les protéger contre les bestiaux, s'élèvent encore à 4 francs par arbre, soit pour cent arbres 400 francs.

En 1881, on a récolté 855.157 hectolitres de cidre.

Indépendamment des pommiers plantés en verger, un assez grand nombre sert de bordure aux champs, le long des chemins et des routes.

Les variétés les plus communes sont: le galopin, le hardimillier ou l'orgueil, le brulin, le barbari, et le bedau;

Il existe dans l'arrondissement d'Évreux, spécialement dans la vallée de la Seine, un millier d'hectares plantés en cerisiers, pruniers, pommiers, poiriers dont les fruits servent à l'alimentation ou sont colportés avantageusement sur divers points ou bien exportés en Angleterre.

Les frais de culture de ces diverses plantations sont de 60 à 70 francs par hectare, les pommiers et poiriers produisent 75 hectolitres de fruits à l'hectare qui se vendent 7 francs l'hectolitre. Les cerisiers donnent environ 40 quintaux à l'hectare vendus

11 francs le quintal. Les pruniers produisent en moyenne 20 quintaux de fruits vendus ensemble 300 francs.

VIGNE.

La vigne était autrefois cultivée sur presque tous les points du
territoire du département. Une foule de chartes du moyen âge ne
laissent aucun doute à cet égard ; mais aujourd'hui, cette culture
n'a plus qu'une bien faible importance.

En 1852, 1136 hectares étaient consacrés à cette culture : nous
n'en avons plus aujourd'hui que 1107, dont le produit moyen est
de 21 hectolitres 7 litres à l'hectare. En 1881 il a récolté 10.397 hectolitres de vin.

BOIS.

Le sol forestier occupe environ le cinquième de la superficie du
département. Depuis 10 ans, il y a eu des défrichements assez considérables, il y a eu quelques plantations.

Dans les hautes futaies, on voit le chêne, le hêtre, le charme,
le bouleau, le tremble, le pin sylvestre ; les mêmes espèces se
trouvent aussi dans les taillis avec l'érable, le cornouiller et le
coudrier.

FRAIS DE CULTURE.

Après avoir fait connaître les différentes cultures auxquelles le
sol labourable est soumis, nous croyons utile de faire connaître
les frais qu'elles occasionnent :

CÉRÉALES

Froment 3 labours, 60 fr., fumier, 180 fr., semence, 45 fr., total, 285fr.
Méteil   3   —   60   —   180   —   45   —   285
Seigle   3   —   60   —   180   —   35   —   275
Orge   2   —   40   —   180   —   30   —   250
Avoine   1 et hersage 25   »   —   30   · · 55

CULTURES INDUSTRIELLES

	Betteraves.	Pommes de terre.	Colza.	Lin.
Loyer, impôt, frais généraux	145 fr.	145 fr.	145 fr.	145 fr.
Engrais.	200	200	180	200
Labour, hersage, etc.	80	80	70	70
Graine et ensemencement.	20	»	»	»
Plantation.	»	»	25	70
Binage.	55	55	30	»
Sarclage.	»	»	»	30
Arrachage, bottelage.	35	35	25	70
Mise en silos, désilotage, transport.	65	65	»	»
Battage, récolte.	»	»	50	40
Transport, livraison.	»	»	»	50
Total.		580		

ANIMAUX DOMESTIQUES

Les animaux domestiques que l'on trouve dans le département et dont le recensement vient d'être fait, peuvent se diviser en plusieurs classes :

ANIMAUX DOMESTIQUES

Race chevaline comptant. 57.800 chevaux ou juments.
Race mulassière. . . . . { 9.000 ânes.
                         { 140 mulets.

Race bovine.	1.980 bœufs et taureaux. 91.400 vaches et génisses. 17.750 veaux.
Race ovine.	478.700 moutons dont 79.500 de races perfec- tionnées.
Race porcine.	16.250 cochons.
Race caprine	2.500 chèvres.

Par ces chiffres, on voit que la population animale du département est assez considérable.

RACE CHEVALINE

Les chevaux dont on se sert dans le département sont : le Percheron et les demi-sang Anglo-Normands.

Le pays élève beaucoup de chevaux appartenant à la race percheronne et en tire aussi de l'Eure-et-Loir. Ces chevaux se reconnaissent à une taille élevée, (1 m. 50 à 1 m. 60) ; ils offrent dans
leur ensemble les caractères d'un tempérament sanguin, uni en
proportions variables, au tempérament musculo-lymphatique.

Le cheval percheron est presque toujours de couleur grise : son
air est coquet, bien que la tête soit un peu forte, un peu longue :
les naseaux bien ouverts et bien dilatés ; l'œil est grand et ex-
pressif, le front large, l'oreille fine ; une encolure un peu courte
mais bien sortie : le garrot saillant, l'épaule assez longue et inclinée, la poitrine un peu plate, mais haute et profonde, le corps
bien cerclé, le rein un peu long, la croupe horizontale et bien
musclée ; la queue attachée haut, des articulations courtes et fortes, le tendon généralement faible, un pied toujours excellent
quoique un peu plat, sa peau est fine, ses crins soyeux et abon-
dants.

La race percheronne se divise en percheron léger qui est propre
aux attelages, et le percheron de trait ou gros percheron.

Les demi-sang Anglo-Normand sont des chevaux employés pour

9

le trait léger et un peu pour la culture : ils sont grands, élancés, leur tête est moyenne, le chanfrein droit, l'encolure droite, le garrot bien sorti, le dos droit, la croupe bien dirigée et la queue bien plantée, la côte moyennement ronde ; ils ont une constitution sanguine, ce sont eux qui ont remplacé l'ancienne race normande qu'on ne voit presque plus.

L'Eure est un pays où l'élevage se fait en grand, surtout depuis que les stations se sont multipliées et que M. le comte de La Grange a établi un haras privé à Dangu.

RACE BOVINE

La race la plus commune dans nos pays est la race normande, qui comprend les deux variétés Augeronne et Cotentine.

RACE OVINE

Dans le département, nous trouvons, pour la race ovine, plusieurs variétés, les unes françaises et d'autres résultant du croisement de ces races françaises avec les anglaises.

Race Mérinos. Les moutons de la race mérinos que nous considérons, aujourd'hui qu'ils sont si perfectionnés, comme une création française, offrent des caractères très tranchés auxquels on les reconnaît immédiatement : Ils ont la voûte crânienne fortement arquée d'arrière en avant. Le frontal saillant au milieu et pourvu de chevilles osseuses fortes qui ont disparu chez les sujets perfectionnés au point de vue de la production de la viande. Les arcades dentaires sont peu saillantes, la face de moyenne longueur est épaisse, à profil arqué vers le milieu de l'étendue des os du nez.

La tête du mérinos plus ou moins volumineuse suivant la variéte à laquelle il appartient, est toujours pourvue de laine ; cette laine s'étend le plus souvent sur les joues et le front, de manière à couvrir les yeux, et parfois même jusque sur le bout du nez.

Chez les mâles, la peau du chanfrein présente ordinairement des plis transversaux ou des rides, et à partir du menton sous la gorge, un pli longitudinal plus ou moins pendant appelé fanon qui s'étend du cou jusqu'aux membres antérieurs ; mais on voit beaucoup plus de métis-mérinos que de mérinos purs dans la contrée.

La race cauchoise fournit des moutons ayant beaucoup de viande, ils ont une taille élevée et la poitrine large, leur laine est bonne, forte, mais elle a le réputation d'être dure.

Les troupeaux dans le département sont composés de mères, agneaux et moutons et d'animaux d'engrais.

Pendant l'hiver, à partir de la Toussaint, jusqu'à la fin d'avril, les troupeaux reçoivent à la bergerie du foin et des regains de prairie artificielle, des pois et vesces desséchés (paille et graines), de la paille de froment, on y ajoute quelquefois des carottes hachées.

L'été, les moutons prennent une partie de leur nourriture dans les champs. Après la moisson, ils vivent sur les chaumes durant plusieurs semaines, grâce à la vaine pâture.

Les races perfectionnées comprennent nos races françaises croisées avec les anglaises, dans le pays, il n'y a que le Dishillery-mérinos qui a une laine plus commune que le mérinos, la tête et les membres sont nus en grande partie ; il pâture mieux, résiste mieux aussi à l'hiver et à l'été.

RACE PORCINE

Les animaux de cette race sont nombreux dans le département puisque l'on compte 46.250 cochons qui tous sont de la race normande et de race normande-anglaise.

La race normande se reconnaît facilement à sa tête forte, à un museau long, les oreilles tombantes et larges, les jambes allongées, les soies dures et grossières, la peau épaisse, le corps long, rarement bien cylindrique, le dos presque horizontal; mais la croupe est ordinairement avalée.

Les femelles sont très fécondes. Ce sont des animaux rustiques, mais ils engraissent difficilement et leur engraissement est onéreux; ils atteignent lorsqu'ils sont gras un poids considérable.

On en a vu peser 300 kilogrammes à neuf mois; leur chair est excellente, mais les jambons ont le défaut d'être trop allongés.

La race augeronne est la variété du pays d'Auge : c'est la race normande perfectionnée; elle a la tête petite, le museau relativement court, les oreilles très amples, le poitrail large, étoffé, les membres de moyenne longueur, ses soies sont blanches, courtes, soyeuses et peu abondantes, ses jambons sont ronds et fort estimés; elle est plus rustique et plus apte à l'engraissement que la précédente, elle s'est améliorée par l'addition du sang anglais.

On trouve aussi dans le pays des demi-sang Anglais qui ont les qualités des Normands réunies à celles des Anglais, c'est-à-dire de la précocité pour l'engraissement, d'une taille moins élevée, le squelette moins fort et un corps plus cylindrique.

VOLAILLES.

Depuis l'établissement des chemins de fer, l'élevage des oiseaux de basse-cour a pris un très grand développement, c'est une source de revenus très productive que les ménagères soignent aujourd'hui tout particulièrement.

Les races de Crèvecœur et de Houdan ont un peu amélioré la poule normande qui, du reste, a par elle-même d'excellentes qualités.

Nous trouvons aussi des canards de la variété dite de Rouen, des oies de Toulon, et toutes les volailles que l'on trouve dans les fermes.

PREMIÈRE PARTIE.

APERÇU SUR L'EXPLOITATION.

Lorsque l'on prend une exploitation, le premier soin auquel on doit s'appliquer, c'est de bien connaître le pays où elle se trouve, sans quoi il est bien difficile d'y réussir ; il faut étudier la terre et les différentes parties de la ferme que l'on doit cultiver et ne pas agir par la routine qui souvent cause des pertes et peut même nuire à la terre ; si cette routine est mauvaise ou basée sur des principes faux.

Nous aurons donc à étudier successivement :

La situation du lieu,
Les bâtiments,
La composition minéralogique et chimique de la terre ;
Plantes que l'on peut cultiver,
Éléments nutritifs des plantes ;
Main d'œuvre.
Communications.
Déboursés.

SITUATION DU LIEU.

L'exploitation se trouve à Romilly-sur-Andelle à la ferme de e du Becquet. Le village est situé dans le département au nord-est, à 3 kilomètre du confluent de la Seine et de l'Andelle. et à la fin de la vallée d'Andelle. Les deux côtés des Deux-Amants et de la Neuville couverte par la forêt de Longboël dominent le village et semblent le protéger des vents trop forts du Nord.

Le pays compte 1400 habitants. est distant du chef-lieu d'arrondissement de 18 kilomètres et de trois lieues du chef-lieu de canton qui est Fleury-sur-Andelle.

Les industries qui font vivre principalement le village sont : la filature et le tissage du coton. le foulage des draps et la fonte du cuivre pour faire des plaques. des chaudières. des tuyaux, du fil de laiton et des cercles d'obus. on emploie dans cette usine 1.200.000 kilog. de cuivre brut.

Les terrains ont été formés par les alluvions, par l'argile à silex, la craie blanche. la craie compacte et par des graviers ; dans ce terrain on a trouvé comme fossiles des ossements d'éléphants.

Les plantes que l'on remarque le plus souvent sont : les Phyteuma. Spicata, Atropa, Belladona, Carex pseudo Cyperus.

BÂTIMENTS

Les bâtiments. Dans beaucoup d'exploitations, surtout dans les anciennes fermes. les bâtiments n'étaient pas assez soignés ni assez vastes ; on voulait toujours faire des économies et l'on trouvait toujours que c'était assez bon pour le cultivateur.

Cependant un fermier qui veut entrer dans une exploitation

doit bien faire attention aux bâtiments qu'il aura; étudier certaines circonstances sans lesquelles il pourrait avoir des difficultés et souvent perdre. Il devra examiner les circonstances suivantes :

La Ferme devra se trouver dans d'excellentes conditions de salubrité, sans quoi pour lui et ses animaux il aura à craindre les maladies et les pertes.

En général, l'exploitation doit se trouver à peu près au centre des terres, de cette manière, le fermier a plus de facilité pour surveiller ses champs, les terres se trouvent également éloignées du centre de l'exploitation et on ne trouve pas de champs trop éloignés qui nécessitent pour les aborder des pertes de temps qui toujours se chiffrent par des pertes d'argent.

Les terres trop éloignées sont souvent cultivées avec moins de soins; on les abandonne souvent à elles-mêmes; elles s'enherbent alors de mauvaises plantes et finissent par s'appauvrir.

Les bâtiments devront être d'un accès facile et bien orientés, placés sur des points élevés ils augmentent la main d'œuvre et le travail en nécessitant des animaux plus nombreux, par cela même des ouvriers pour effectuer les transports des denrées des champs dans la ferme.

Généralement aussi les fermes situées sur des points élevés manquent d'eau qui est si nécessaire pour l'intérieur de l'exploitation : il faut creuser des puits parfois très profonds et qui donnent assez souvent une eau mauvaise pour les soins du ménage et pour les animaux ; il vaut donc mieux placer ses bâtiments près de cours d'eau qui pourront être amenés quelquefois et à peu de travaux à passer près de la ferme et donner au moyen de roues une force motrice économique.

Les bâtiments construits dans les lieux bas sont exposés à l'humité marécageuse et les terres dégagent des miasmes nuisibles pour les habitants de la ferme.

On doit aussi rechercher les constructions qui sont placées près de grandes routes, de chemins de fer ou de canaux ; on a par ces voies de transport des débouchés faciles pour ses produits, de plus on doit chercher à ne pas s'éloigner trop des grandes villes auxquelles on peut fournir avec profit certaines matières premières, telles que: blé, fourrages, lait, beurre, œufs, et rapporter de ces mêmes villes des matières fertilisantes achetées à bon marché et qui serviront à améliorer les terres.

L'endroit où les bâtiments sont élevés doit être un sol dur et sain sur lequel on peut poser de bons matériaux qui durent longtemps, tandis que si l'on bâtit sur un sol mouvant, il faudra employer des systèmes de fondations particulières ou creuser jusqu'à ce que l'on trouve ce sol dur, tout cela demandera de la main d'œuvre et par suite un plus grand déboursé de capitaux.

L'exposition et l'abri ont aussi une grande influence. Une exploitation située au vent est exposée aux ouragans qui causent des dommages ! Placer les constructions au midi, dans les endroits humides ou qui ne sont pas abrités, et au nord sous les climats chauds.

La ferme du Becquet est bien si tuée. Quant à la salubrité, elle est dans un pays très sain. On peut y arriver par de grandes routes qui entourent l'exploitation et se coupent à son extrémité.

Elle se trouve à peu près au centre des terres. Quant à l'eau, la rivière d'Andelle en passe à 150 mètres, de plus, on en trouve à peu de profondeur et on a creusé une mare alimentée par des sources; l'eau qui sert aux besoins du ménage est fournie par une pompe.

La ferme est abritée par la côte des Deux Amants et celle de la Neuville, puisqu'elle se trouve située à peu près au milieu de la vallée, de plus elle est abritée par des plantations de peupliers et d'ormes qui s'élèvent tout autour de la cour de ferme.

Nous allons étudier maintenant les divers bâtiments qui composent l'exploitation et nous pouvons les diviser de la manière suivante :

1° Cour de ferme;
2° Logement du personnel ;
3° Logement des animaux :
4° Abris pour les récoltes;
5° Abris pour les instruments.

Cour de ferme. — A la ferme du Becquet, la cour est très grande, elle a 1 hectare 12 ares de superficie. On peut la diviser en deux parties : la nouvelle ferme proprement dite et le verger qui y est attenant, elle est entourée d'un côté par un mur, moitié silex moitié briques et recouvert en tuiles en S ou pannes, les trois autres côtés de la ferme sont enclos de haies vives en épine blanche.

Le verger qui est planté de pommiers à cidre est recouvert d'herbes. Il est très commode pour mettre les vaches, lorsqu'on ne veut pas les laisser la nuit dans les herbages ; il fournit aussi de la verdure pour les oiseaux de basse-cour. Un barrage en bois et fer plat le sépare de la cour de ferme proprement dite.

Logement du personnel. — C'est à l'égard de la maison d'habitation A que les prescriptions relatives au choix de l'emplacement doivent être rigoureusement observées. Il est de la plus haute importance de ne négliger, à cet égard, aucune des précautions qui doivent en assurer la parfaite salubrité.

Les négligences commises sous ce rapport sont toujours chèrement payées, et peuvent avoir les plus fâcheuses conséquences pour le bien-être des habitants.

En effet, combien voit-on de fermiers qui, mal logés ou trop petitement et qui ont une nombreuse famille, sont malades et ne peuvent donner toute leur force pour bien diriger leur exploitation : ils végètent, s'affaiblissent, et souvent meurent. L'orientation

10

adoptée doit être telle, que les pièces principales de l'habitation puissent recevoir l'influence bienfaisante des rayons solaires, et c'est une condition fort importante surtout dans nos contrées du Nord.

La maison du Becquet est orientée vers l'est, elle occupe le centre des bâtiments et par cette disposition, le fermier d'un coup d'œil peut embrasser toute la ferme et surveiller tous ses bâtiments.

L'habitation ne contient que la famille du fermier. Les ouvriers ont leur logement à part, B, à côté, qui se compose d'une cuisine, d'une salle à manger et d'un petit réduit qui sert de débarras, après vient le fournil et la buanderie en C.

De l'autre côté de l'habitation en D se trouvent les écuries et les boxs pour les juments poulinières.

La préparation des aliments se fait dans un petit bâtiment en E. Le local qui fait suite en E est la bouverie et l'étable, viennent ensuite le poulailler en G, et les granges en H ; la fosse à fumier et la mare sont en I et en K, au milieu de la cour de ferme.

Nous allons passer successivement en revue les bâtiments : L'habitation du fermier donne d'un côté dans la cour de ferme et de l'autre dans le jardin d'agrément et le potager. De cette manière on peut surveiller les ouvriers ; lorsqu'on veut être tranquille on va dans son jardin.

Les ouvriers sont dans un bâtiment spécial, ce qui est une chose excellente, de cette manière ils ne viennent pas dans l'habitation du maître rôder partout, et ont leur cuisine à part.

Écurie. Les chevaux demandent beaucoup de soins, il faut donc les mettre dans un local sain, bien aéré et spacieux. Les bâtiments destinés aux chevaux ainsi que tous les autres bâtiments sont neufs à la ferme du Becquet, leur construction est récente.

Le plafond des écuries est en bois, et au-dessus se trouvent des greniers à fourrage, l'aération se fait facilement au moyen de fenètres à châssis en bois à claire-voie. De plus, il existe des ventilateurs aux cheminées qui vont du plafond au-dessus du toit et que l'on peut fermer au moyen de planchettes lorsque la température est trop froide.

Le sol des écuries est en pavés de grès et légèrement incliné d'avant en arrière pour que les urines puissent s'écouler facilement, mais il ne faut pas qu'il soit trop en pente, sans quoi le poids de l'avant-main se jette toujours sur l'arrière-main, fatigue les chevaux et les tare, aussi n'a-t-on donné qu'une pente de 0 m. 03 centimètres par mètre.

Par de nombreuses expériences on a vu la quantité d'air qu'il fallait à un cheval pour respirer, et on a jugé que 25 à 30 mètres cubes étaient suffisants en 24 heures.

Et pour loger les douze chevaux qui me sont nécessaires pour travailler mes terres, l'écurie a 21 mètres de long, sur une largeur de 5 mètres et une hauteur au plafond de 3 mètres. Ce qui fait un développement de 105 mètres carrés et 315 mètres cubes d'air, ce qui fait près de 27 mètres cubes par cheval.

L'écurie est simple et la place allouée à chaque cheval peut être répartie ainsi :

Largeur 1 mètre 70 centimètres;

Longueur 3 mètres y compris la mangeoire ;

Hauteur 3 mètres.

Il reste en arrière un passage de deux mètres qui est très commode pour pouvoir passer et ne pas attraper de coups de pied.

Les rateliers sont faits en bois et la partie inférieure repose sur des claires-voies, de cette manière, la poussière du foin tombe en dessous des auges et le cheval n'est pas exposé à avaler de la poussière.

La mangeoire des animaux est en briques recouvertes de ciment, ainsi faite, elle a une grande solidité et peut être nettoyée facilement.

Les chevaux sont séparés les uns des autres par des bâts-flancs ou planches attachées au moyen d'un crochet, à la mangeoire, et l'autre extrémité est fixée à une chaîne venant du plafond au moyen d'une sauterelle qui se compose d'un morceau de fer passant dans un anneau ; de cette manière, lorsque le cheval s'embarasse, la sauterelle se décroche et le bât-flanc tombe. On a généralement tort dans les fermes de ne pas séparer les chevaux ; si on le faisait on éviterait bien des accidents et des tares que se font les animaux en se donnant des coups de pied.

La bouverie est disposée sur deux rangs ; les animaux sont tête à tête, mais séparés par un couloir de 1 m. 50 et derrière les bœufs, se trouve encore un passage de 1 m. 25 pour permettre l'enlèvement du fumier.

La place allouée à chaque animal est :

Largeur.	1 m.25
Longueur.	2 50
Passage derrière les animaux.	1 25
Largeur de la mangeoire.	0 60
Passage au milieu.	1 50
Hauteur 3 mètres.	3 "
Ce qui fait une largeur de bâtiments de.	9 60

La bouverie a 32 mètres, on peut donc engraisser facilement 50 bœufs à l'étable.

Les bœufs n'ont pas de râteliers, on leur donne leurs aliments dans des auges placées devant eux, et ils passent la tête à travers les barreaux pour aller chercher leur nourriture. Cette disposition nécessite moins de main-d'œuvre puisque le bouvier, en passant dans le couloir, n'a qu'à jeter à la pelle ou à la manne les aliments dans ces auges ; de plus, les bœufs perdent moins de nourriture et sont moins dérangés.

La porcherie est peu importante, puisqu'il n'y a que les animaux que l'on engraisse et que l'on tue pour les besoins de l'exploitation.

Elle se compose de 5 cases de deux mètres de long sur 1 m. 60 de large, séparées par un passage au milieu, de 1 mètre.

Le poulailler se compose d'un bâtiment de 3 mètres de large sur 3 m. 50 de long.

Les boxes des poulinières sont de petites écuries où on met les juments ou les poulains en liberté ; elles ont 3 mètres de largeur sur 5 mètres de longueur ou 15 mètres carrés de développement et sont au nombre de 6. Leur ameublement se compose d'une auge et d'un râtelier en fer creux.

De plus, l'exploitation contient deux granges, des greniers, un hangar et les silos à pulpe qui sont derrière les bâtiments dans le verger.

COMPOSITION MINÉRALOGIQUE DES TERRES

On appelle sol, terre arable, terre végétale, la couche terrestre superficielle propre à la culture des plantes.

Cette couche terrestre superficielle est formée de matières diverses, les unes terreuses, les autres végétales, et elle doit sa fertilité à sa composition et aux propriétés des différentes substances qui la forment.

Il est donc nécessaire d'étudier les couches terrestres pour classer les terres arables d'après leur nature.

La terre primitivement à l'état de fusion s'est refroidie, il s'est formé une croûte que la géologie nous fait connaître.

Cette masse solide du globe n'est pas homogène dans toutes ses parties : les diverses masses minérales qui la forment, sont tantôt en lits horizontaux, tantôt en lignes verticales ou inclinées et presque toujours régulièrement placées dans leur position de solidification.

Ces substances refroidies ont pris le nom de roches : les unes sont composées d'une seule espèce minérale, les autres formées par l'aggrégation de matières minérales diverses ; ce sont ces matières qui forment la croûte solide.

Les couches qui forment cette croûte ont été produites soit par l'action cristalline, soit par l'apport et le dépôt des eaux, soit encore par le feu souterrain ; de là quatre sortes de terrains :

1° Terrains cristallins ;
2°   —   de sédiment ;
3°   —   d'alluvions ;
4°   —   volcaniques.

Les terrains cristallins ont été formés à l'époque la plus antérieure par rapport aux autres et par l'action du feu. Ils ont pour la plupart une position verticale et sont antérieurs à l'apparition des êtres organisés (animaux, plantes) sur la terre.

Ce sont eux qui ont formé le granit, le porphyre.

Les terrains de sédiment comprennent des couches non cristallines qui paraissent avoir été formées au sein des eaux en couches horizontales.

Ils ont les roches schisteuses, calcaires, la craie, la marne, les grès, les argiles colorées, les masses de houille, les lignites.

Les terrains d'alluvion sont des couches composées des débris des couches formées antérieurement, elles ont été apportées par les eaux et sont surtout formées de sables, de cailloux roulés.

Les terrains volcaniques sont des couches formées par l'action du feu souterrain toujours en activité. Ces terrains ont apparu soit à l'époque antérieure aux êtres organisés, soit à une époque postérieure à leur apparition et ils se produisent encore aujourd'hui autour des volcans au mouvement des éruptions.

Les différents terrains ne se montrent pas toujours à l'œil superposés dans cet ordre. Ainsi les premiers se montrent souvent à nu dans les pays de montagnes

Les terrains de sédiment couvrent de très grandes surfaces de pays en formant des plaines et des collines. peu élevées et arrondies, les terrains d'alluvion au-dessus des précédents constituent encore les pays de plaines et les collines.

Les terrains volcaniques sont circonscrits dans peu de pays, ils recouvrent les autres terrains, et les montagnes qui sont volcaniques s'augmentent toujours lorsque les volcans sont en activité.

Ces couches qui, dures autrefois, sont si friables maintenant à nos instruments forment la terre que nous cultivons, mais l'on se demande comment ces roches ont pu se transformer, et nous voyons qu'il y a eu plusieurs causes ; l'air. l'eau. les acides, le temps. L'eau s'introduisant dans les fissures des roches les plus dures, alors qu'elle subit les alternatives du froid et du chaud désagrègera ces roches. En effet. l'eau en se congelant, prend plus de volume, distend la pierre qui arrivé a son plus grand point d'élasticité, est obligé de rompre ses molécules et ne former des éclats qui constitueront les terres.

L'acide carbonique, dont on a reconnu l'existence dans l'air, qui a juste un pouvoir dissolvant plus grand à l'eau et d'après des expériences, on a remarqué que l'eau chargée d'acide carbonique dissout en bien plus grande proportions que l'eau pure, une foule de substance minérales.

Enfin, le mouvement des eaux, mais surtout celui des eaux qui contiennent des matières dures en suspension est aussi venu user par un frottement prolongé, les roches les plus dures qu'elles ont rencontrées sur leur passage.

Les diverses actions destructives n'ont pas été faites en un jour, mais elles existent depuis les temps les plus reculés.

La végétation des plantes a aussi beaucoup contribué à leur déformation par l'accumulation des débris végétaux et par leur décomposition.

L'homme de son côté. l'a favorisée par les épierrements, les labours qui remuent le sol, par les engrais, les apports de substances minérales étrangères.

Nous trouvons dans la propriété dont nous nous occupons, trois sols bien distincts, ce sont :

1° Terrain argilo-calcaire où l'argile domine :
2°   —   argilo-sableux :
3°   —   calcaire.

TERRAINS ARGILO-CALCAIRE

Les terres de cette nature sont un mélange de l'argile et des calcaires, c'est-à-dire qu'elles contiennent au moins 40 à 50 p. 100 d'argile. Ces terres traitées par un acide produisent une effervescence et la liqueur obtenue produit avec l'oxalate d'ammoniaque un précipité blanc. Le calcaire contenu dans ce sol est un calcaire grisâtre.

Ces terrains sont assez difficiles à travailler et ils seraient froids si une certaine quantité de calcaire n'y était pas joint, leur défaut est de garder longtemps leur humidité. Elles sont difficiles à travailler après les pluies parce qu'elles collent aux instruments.

Ces terres se trouvent situés à mi-côte dans l'exploitation et forment une partie des herbages.

Les plantes qui y croissent spontanément et qui peuvent jusqu'à un certain point les faire reconnaitre, sont :

1° Anthyllide vulnéraire, laitues verreuses, potentilla anserma :
2° Sainfoin, mélique bleue ;
3° Chondrille joncée.

L'argile avec l'alumine dans ces terres possède la faculté de retenir l'eau ; aussi les terres où cette substance abonde sont elles imperméables à l'eau, c'est ce qui arrive dans les terres de l'exploitation et elles ont besoin d'être assainies.

Les terres argileuses ont aussi la propriété de se contracter et de se durcir en perdant une portion de l'humidité qui les pénètre, aussi les terres argileuses se contractent et se durcissent pendant les grandes chaleurs ; elles se fendillent et offrent dans cet état peu de surface au contact de l'air.

Les sols argileux ont encore un autre mode d'action ; ils s'unissent intimement aux matières organiques en décomposition ; ils forment un composé remarquable avec une partie de ces matières organiques altérées ; ils les retiennent jusqu'à un certain point, et leur cèdent peu à peu de leur humidité, ce qui facilite leur décomposition complète, et leur transformation en gaz ;

Le sol des terres argileuses a encore la faculté de s'emparer du gaz ammoniacal et de le retenir fortement, il se produit alors une sorte d'aluminate d'ammoniaque. L'alcali se trouve fixé et peut mieux profiter aux plantes.

Il résulte de là, que les terres argileuses s'emparent d'une portion notable des éléments des engrais, s'en saturent, et ne les cèdent ensuite que lentement aux végétaux qui y croissent : aussi, quand on fume une terre argileuse pauvre ou épuisée, le fumier ne semble-t-il produire aucun effet, l'argile l'absorbant en grande partie, ce n'est quelquefois qu'après plusieurs fumures successives que ces terres paraissent se ressentir de nouvelles doses d'engrais.

C'est surtout de ces sortes de terres que l'on peut dire : « Il faut que la terre fasse son fond », entendant par là qu'une terre neuve ou épuisée que l'on fume convenablement doit absorber et retenir une portion des engrais qu'on y place, avant d'être arrivée à un état convenable de richesse.

Les terres argileuses bien cultivées ont plus de puissance que les autres, il ne leur faut que l'humidité et la chaleur nécessaire pour produire, une fois mises en état ; elles peuvent donner dix excellentes récoltes sans engrais.

Les terres de cette nature dans la ferme sont en bon état et

11

fournissent dans les pâturages des herbes excellentes pour les animaux.

TERRAINS ARGILO-SABLEUX

Les sols de cette nature sont ceux qui contiennent une notable proportion de silice mélangée à l'argile et celle-ci y est prédominante. Les terres de l'exploitation peuvent être désignées sous le nom de terres franches ; elles se rapprochent des terrains sablo-argileux et conviennent à un plus grand nombre de végétaux.

Ces terrains argilo-sableux se trouvent dans la vallée en remontant vers la côte de la Neuville. Ces terrains sont excellents et forment une partie des herbages et une grande partie des terres labourables.

TERRAINS CALCAIRES

Les terrains de cette sorte ne sont pas étendus. Il n'ont qu'une étendue de 8 hectares et sont situés en côte où on les connaît sous le nom de larris ou de terres blanches. Ces sols sont friables et ont peu de ténacité ; ils sont secs et arides, surtout lorsqu'ils reposent sur un sous-sol calcaire.

Les pluies, dans ces terrains. les rendent boueux et collants aux instruments et lorsqu'ils sèchent, ils se dessèchent en une croûte difficile à travailler, de plus, ils se fendillent et ne se laissent pas facilement traverser par les agents atmosphériques ; avec les acides, ces sols font effervescence. Voici les espèces principales qui croissent spontanément à leur surface et qui les caractérisent. Brunelle à grandes fleurs, Arrête-Bœuf, Boucage, Saxifrage Violette de Rouen, Germandia petit-chène, Chardons, Potentille printanière, Gaude, Lefleurie bleuâtre, Genièvre commun, Coquelicot, Frêne commun, Noisetier.

Les terres sont peu productives et arides, à cause de leur blancheur qui reflète les rayons du soleil, les engrais y sont brûlés et ne durent pas, on ne peut les utiliser qu'en y semant des prairies artificielles comme le sainfoin, ou en les plantant en taillis de cythises ou faux-ébénier, de noisetiers ; mais ces arbres y sont chétifs et rabougris et donnent peu de foin.

Le sous-sol n'est pas sans influence sur la qualité de la terre dont il modifle la qualité.

Les sous-sols agissent de différentes manières sur la couche arable par leur perméabilité ou leur imperméabilité, par la résistance qu'ils peuvent offrir aux racines des plantes ; enfin par l'élément qu'ils peuvent fournir au sol.

Les sous-sols coutiennent peu de matières organiques ; mais c'est principalement par l'influence physique qu'ils agissent. Cette influence est tantôt favorable et tantôt défavorable quand elle atténue les inconvénients et augmente les qualités du sol : et l'influence défavorable est celle qui augmente les défauts du sol en diminuant les qualités ; dans l'exploitation qui nous occupe, le sous-sol est calcaire dans des endroits et, pour les terres, c'est une assez bonne condition parce qu'au moyen de puits on peut procurer l'amendement calcaire assez facilement, mais dans plusieurs endroits, le sous-sol est argileux et forme une couche imperméable. Dans ces terres, il faut cultiver en ados ou creuser des rigoles d'assainissement ou encore faire du drainage.

ÉLÉMENTS NUTRITIFS DES PLANTES

Les plantes, comme les animaux, ont besoin pour subsister, de s'assimiler certains principes qui leur servent à se nourrir, à croître, à donner des produits; il faut donc qu'elles aient cette nourriture près d'elles pour la prendre, afin de ne pas péricliter et de ne pas mourir.

Pour savoir quels sont les éléments qui sont utiles aux plantes, il faut connaître les diverses substances qui les composent, nous allons donc passer en revue les divers principes constitutifs des végétaux.

Nous savons que les plantes donnent à l'analyse des composés de carbone, d'hydrogène, d'oxygène, avec de faibles quantités de substances minérales, salines ou terreuses.

Le résidu salin, incombustible, se compose de cendres qui renferment différents éléments, presque toujours les mêmes et qui sont les suivants :

Le phosphore, le soufre, le chlore, le silicium, le magnésium, le potassium, le sodium, le fer et le manganèse.

Tous ces corps se combinent diversement entre eux, ainsi qu'avec les quatre corps ci-dessus formant des oxydes et des sels, de ces composés, les sels alcalins sont solubles dans l'eau, les oxydes ou sels à bases terreuses et métalliques sont solubles dans les acides seulement.

La partie du squelette est formée de matière organique qui est fournie par les quatre corps élémentaires dans les proportions suivantes :

Hydrogène.	5 à 6 0/0
Oxygène.	40 à 45 0/0
Carbone	40 à 45 0/0
Azote.	1 à 2 0/0

C'est de la terre que les végétaux tirent le phosphore, le soufre, le chlore, le potassium, le sodium, le magnésium, le calcium, le fer, le manganèse et c'est en proportion variable que chaque espèce se les assimile.

Les plantes après avoir été reçues sur une terre lui ont donc enlevé une plus ou moins grande partie des éléments constitutifs qui lui servent à se former et on doit restituer au sol ces matières, sous peine de voir la terre s'épuiser peu à peu par des récoltes successives, et si ces plantes revenaient de suite sur ce même sol, comme elles ont toutes de l'aridité par une certaine substance qui varie souvent suivant l'espèce des plantes, et la terre s'en trouverait bientôt dépourvue; voilà pourquoi l'on a fait des engrais; qu'on laisse la terre se reposer ; qu'on a créé des successions de plantes variées, successions qui sont basées sur des règles de l'assolement.

Les plantes se nuisent aussi par les excréments qu'elles laissent dans le sol.

Les jachères qui autrefois étaient très usitées avaient pour but lorsque l'on n'avait pas recours au fumier, de laisser reposer la terre qui, cultivée et remuée, se trouvait en contact avec les agents atmosphériques. Les plantes qui croissaient sur la terre périssaient en rendant au sol des éléments qu'elles lui avaient soustraits ; mais ce repos des terres était bon lorsqu'elles étaient à vil prix et que les besoins du monde étaient si peu exigeants.

Maintenant que toutes ces conditions sont changées, il faut trouver par tous les moyens possibles à nourrir et faire fructifier les plantes, et ce moyen est de bien connaître les éléments entrant dans les plantes pour rendre au sol ce qui lui a été enlevé.

Voici un tableau qui montrera la proportion d'éléments constitutifs de diverses plantes pour 1000 parties de cendres d'après M. Bichon :

Comme on le voit les substances enlevées sont assez considérables, c'est à nous à les restituer au moyen des engrais.

La théorie des engrais se fonde sur ce que les débris de ceux qui ont cessé de vivre, sont destinés à se trouver absorbés par d'autres êtres.

L'engrais mis dans le sol se convertit en plusieurs substances nécessaires aux plantes : 1° l'acide carbonique ; 2° les sels assimilables; 3° l'humus.

Certains engrais produisent plus de sels et d'autres plus d'humus ; ceux qui produisent des sels agissent plus vite mais moins longtemps, tandis que ceux qui produisent de l'humus ont une durée moins active mais plus longue.

	FROMENT		SEIGLE		ORGE		AVOINE		POMMES DE TERRE	BETTE-RAVES	LU-ZERNE
	Graine	Paille	Graine	Paille							
Potasse . . .	27.79	92	189	173	170	92	129	245	315	390	141
Soude. . . .	64.3	3	114	3	39	3	»	44	»	60	63
Chaux. . . .	39.1	85	70	90	34	85	37	83	18	70	504
Magnésie . .	129.8	50	106	24	101	50	77	28	54	44	36
Oxyde de fer ou alumine.	5 0	10	19	14	19	10	3	21	5	25	3
Acide Ph O⁵.	461.4	31	5 18	38	406	31	149	30	113	60	35
Acide 50³.	2.7	10	5	8	3	10	10	41	71	16	42
Silice	26.2	676	24	645	238	676	533	400	56	80	136
Chlore. . . .	Traces	6	»	5	Traces	6	5	47	27	52	31

L'engrais le plus important dans une ferme est le fumier qui est un engrais mixte, c'est un mélange des déjections des animaux avec les débris des végétaux qui servent de litières.

Le fumier de ferme est sans contredit le meilleur engrais, car il convient à toutes les récoltes et à tous les sols. On y trouve les matières azotées, les sels alcalins, les phosphates, les matières animales et végétales, en un mot, tout ce qui est nécessaire aux plantes.

Le fumier suivant les animaux qui l'ont produit peut se diviser en deux classes: 1° fumiers froids; 2° fumiers chauds. Les fumiers froids proviennent des bœufs, vaches et cochons et les fumiers chauds des écuries et des bergeries.

Le fumier de mouton est le plus énergique, surtout quand les moutons consomment des racines, des fourrages verts et des grains.

Les résultats d'analyses de MM. Boussingault et Payen prouvent en effet que les excréments de moutons sont beaucoup plus vitro génés que ceux des autres animaux domestiques.

Les excréments contiennent moins d'humidité que ceux des chevaux. Block indique 66 p. 100 d'eau. Aussi, les moutons n'exigent guère en litière que la moitié de la quantité qu'il faut fournir aux bêtes à cornes, c'est-à-dire, que le quart au plus de la quantité du fourrage qu'ils consomment peut leur suffire en litière.

FUMIER DE CHEVAUX

Les chevaux nourris de foin et de grains donnent des excréments riches en principes azotés. Ces excréments sont peu chargés d'humidité, Block indique 75 p. 100 d'eau.

Pour les chevaux la quantité de litière doit être à peu près égale à la moitié du poids du fourrage consommé. Le fumier de cheval s'échauffe promptement et se décompose très vite, de sorte qu'en prenant tous les soins possibles, on a de la peine à éviter qu'il n'y ait des pertes assez grandes quand on le conserve longtemps.

Quand on doit le garder en tas, il faut séparer autant que possible les grandes pailles, le tasser fortement et le placer dans un lieu bas et humide, en l'arrosant fréquemment; sans cela il moisit et prend le blanc, il perd alors considérablement de ses qualités fertilisantes.

Ce fumier est considéré comme le plus chaud et le plus actif; il convient très bien dans les terres froides, compactes, tourbeuses, il est moins bon que les autres dans les terrains légers.

FUMIER DE BÊTES A CORNES

Ce fumier est généralement le plus employé, on le regarde comme un des engrais les plus durables, mais moins énergique.

Les excréments des bêtes à cornes sont très aqueux, aussi la litière pour ces animaux doit être au moins en poids pour les trois quarts des fourrages consommés.

Suivant Block, les excréments solides des bêtes à cornes contiennent à l'état normal 34 p. 100 d'humidité; ceux des bœufs à l'engrais 85. 33 p. 100 d'eau.

Ces derniers fournissent un fumier de qualité supérieure surtout quand ils sont nourris de grains, racines et tourteaux.

On dit que ce fumier convient à tous les sols, mais surtout aux sols sablonneux, légers, chauds qui décomposent facilement les engrais.

FUMIER DE PORC

Le fumier de porc est considéré en France et en Allemagne comme ayant moins de qualités que ceux dont nous venons de parler. En Angleterre, on le trouve excellent, cela tient sans doute à la différence de nourriture et surtout aussi aux soins, que l'on donne à ce fumier. Néanmoins il est bien prouvé qu'une nourriture quelconque (nous parlons ici de nourriture végétale) donnera de plus mauvais engrais consommés par les porcs que par les autres animaux.

Les raisons sont la vigueur des organes digestifs des porcs qui expriment toutes les matières substantielles pour les assimiler, et la grande quantité d'aliments liquides qu'on leur donne tend à diminuer la qualité de leur fumier.

Faut-il employer séparément les fumiers des différents animaux? Faut il le mettre à part et avoir autant de fosses que l'exploitation nourrit d'animaux? Ou bien faut-il avoir une seule espèce d'engrais obtenue en mélangeant les fumiers et qui répondra aux exigences des terres?

Il vaut mieux faire un tas de terres, les engrais excepté, dans le cas où dans une exploitation on n'aurait que des terres compactes, argileuses et froides, et d'autres, légères, sablonneuses et chaudes, dans ce cas, on devrait faire deux tas distincts.

Outre ce cas qui est fort rare, le mélange vaut mieux à plusieurs points de vue : d'abord pour la main d'œuvre, de plus le mélange n'exige qu'un seul emplacement. Enfin chaque sorte de fumier apporte à la masse les qualités qui lui sont propres et efface les défauts.

Le mélange de ces divers fumiers a été appelé par les auteurs, fumier normal.

Voyons maintenant les diverses méthodes de conservation du fumier, sa composition, la quantité produite par les animaux, son mode d'emploi.

Le fumier fermente et se conserve en tas dans des fosses ou il reste sous les animaux et est transporté directement des étables dans les champs.

L'emplacement des fosses doit être choisi de manière à ce qu'elles soient à égales distances des bâtiments où se produit le fumier. Les tas doivent être exposés au nord pour les préserver de la chaleur.

La fosse doit être établie sur un terrain nivelé et pavé, si on ne le pave pas, on doit le rendre imperméable au moyen d'une couche de terre glaise battue : on doit aussi faire une légère pente pour que le jus du fumier du purin s'écoule dans une fosse aménagée à cet effet.

La fosse doit être entourée d'un petit mur pour empêcher les eaux des toits de venir laver le fumier.

Le fumier de chaque espèce animale est amené sur des brouettes sur les tas et un ouvrier prend le soin de l'étendre bien exactement. Le tas ne doit pas avoir trop grande hauteur parce que la fermentation agissant, le fumier serait brûlé et la hauteur ne doit

12

pas être supérieure à 2 mètres. Le tas doit être pressé et foulé dans toutes les parties.

Il est aussi utile d'arroser le fumier, soit avec le purin, soit avec d'autres liquides pour prévenir la trop grande fermentation qui ferait évaporer les principes utiles.

Le fumier est bon lorsqu'il a atteint une couleur noire, qu'il est frais on le connait alors sous le nom de *beurre noir*.

Pour conserver les principes volatils azotés qui se perdraient il est très bon de mettre sur le fumier des matières terreuses ; on peut aussi fixer l'ammoniaque au moyen de sulfate de cuivre, et en semant sur le tas d'engrais du plâtre qui transforme le carbonate d'ammoniaque volatile en sulfate qui ne s'évapore pas.

L'autre méthode de conserver les fumiers consiste à laisser le fumier se faire sous les animaux, de cette manière, les gaz s'évaporent moins, le fumier étant plus foulé, la litière s'imbibe mieux de substances nécessaires à la végétation, et l'on n'a pas besoin d'avoir de fosses.

Dans les exploitations où le fumier se fait de cette manière, les étables doivent être un peu creusées, ou avoir des rateliers et auges mobiles qui s'abaissent et se relèvent à volonté.

COMPOSITION DU FUMIER

Comme nous l'avons vu, le fumier se compose des excréments solides et liquides des animaux et de litières.

La qualité du fumier dépend de la qualité et de la nature de cette litière qui a pour but d'absorber les liquides des déjections, de modérer la fermentation des matières organiques, d'augmenter la quantité et la qualité des fumiers, de préserver la peau des animaux et de permettre à ceux-ci de prendre un repos complet.

La paille est la litière par excellence, les autres débris végétaux ne sont que des suppléments. Sa nature la rend des plus convenables pour cet usage. ses parties creuses et toutes poreuses font qu'elle est susceptible d'absorber beaucoup d'humidité.

En effet, Block admet que 100 parties de paille peuvent absorber en quinze jours sous le bétail, jusqu'à 160 parties d'urine.

Toutes les pailles n'ont pas les mêmes qualités comme excipient de l'urine et des excréments. Les pailles de blé et de seigle sont préférables quoique cette dernière soit dure, puis celles d'orge et d'avoine, celles-ci se triturent trop et se décomposent trop promptement.

Les pailles de pois et de fèves ou de haricots forment une mauvaise couche pour le bétail ; elles ont d'ailleurs l'inconvénient de ne pas se tasser facilement et de laisser des vides dans la masse du tas ; elles occasionnent souvent le blanc ; les pailles de navettes et de colza sont dans le même cas ; elles sont aussi peu spongieuses.

On évite cet inconvénient en les mélangeant avec d'autres. en les faisant piétiner longtemps, en les humectant bien. en les faisant tasser fortement sur le tas.

On ne dois pas négliger de connaitre la composition des diverses litières que l'on emploie : M. Boussingault les a analysées et a trouvé :

	FROMENT	SEIGLE	AVOINE	ORGE
Ligneux.	28.90	32.40	30.00	34.40
Sels durcis.	5.10	3.00	3.60	4.00
Amidon, sucre.	35.90	43.00	38.40	43.80
Albumine	1.90	1.50	1.90	1.90
Matières grasses	2.20	1.50	5.10	1.70
Eau.	26.00	18.60	21.00	14.20
Totaux	100.00	100.00	100.00	100.00
Azote	0.30	0.30	0.30	0.30

	Eau.	Sels.	Azote.
La paille de sarrasin contient. . .	11 6	3 20	0 48
— colza —	12 8	6 30	0 75
— d'œillette —	13 5	»	0 95
— de maïs —	21 9	3 90	0 19
— de fèves —	12 »	3 12	0 20

Dans certaines contrées où la paille est rare et chère, on se sert de différentes substances, telles que : les feuilles, les fougères, les genêts, la bruyère, la mousse, les roseaux, la tannée, la sciure de bois, la terre sèche, le sable.

Si nous examinons maintenant la composition du fumier normal, nous trouvons qu'il contient d'après plusieurs auteurs les substances nombreuses et variées :

Eau.	80 »
Carbone.	6 80
Hydrogène. . , ...	0 82
Oxygène.	5 67
Silice.	4 32
Oxyde de fer.	0 34
Chlore.	0 04
Acide sulfurique.	0 13
Magnésie.	0 24
Soude.	Traces.
Azote.	0 41
Acide phosphorique.	0 18
Potasse.	0 49
Chaux.	0 56
Total. . . .	100 »

Analyse de M. Boussingault.

Matières organiques.	14 20
Acide phosphorique.	0 20
— sulfurique.	0 13
Chlore.	0 04
Potasse et soude.	0 52
Chaux.	0 55
Magnésie.	0 24
Oxyde de fer et manganèse.	0 40
Silice, sable, argile.	4 40
Eau.	79 30
Total. . . .	100 »

1,000 kilogrammes du fumier analysé par M. Boussingault contenaient donc :

Équivalent d'ammoniaque	4 98
Acide phosphorique	2 »

Analyse du fumier de Grignon analysé par M. Soubeiran.

Matières organiques	19 20
Sels alcalins solubles	0 70
Carbonate de chaux et magnésie	1 50
Sulfate de chaux	1 10
Phosphate de chaux	0 40
— ammoniaco-magnésien	1 10
Matières terreuses	6 60
Eau	69 40
Total	100 »

Et ce fumier contenait 13,80 pour 1,000 kilog. d'azote, mais M. Boussingault n'a trouvé que 0,72 pour 100.

Il existe de grandes différences entre les fumiers des divers animaux, et M. Boussingault l'a constaté par des analyses dont voici les résultats pour 1.000 kilog. de matières non desséchées :

	AZOTE	POTASSE	CHAUX	ACIDE PHOSPHORIQUE
Fumier de cheval	6ᵏ68	6ᵏ74	5ᵏ30	2ᵏ32
— de vache	3 42	3 27	1 69	1 29
— de mouton	8 23	7 88	6 63	2 03
— de porc	7 85	16 97	1 79	2 07

Le fumier normal d'après MM. Payen, Boussingault, de Gasparin renfermerait 0,40 pour 100 kilog. d'azote ; c'est donc à nous cultivateurs de tâcher d'améliorer nos fumiers par tous les moyens possibles, et dépasser ce chiffre : car l'azote est la substance la plus utile aux plantes. Nous donnons ici un tableau de M. Isidore Pierre faisant connaître la proportion d'azote contenue dans ces substances.

AZOTE PAR 1 KILOGRAMME D'ENGRAIS.

	À l'état ordinaire.	Privé d'humidité.
	kilog.	
Fumier de ferme.	6 6	19 5
Tourteau de lin.	52 »	60 »
Colza.	49 7	55 »
Arachide.	55 4	60 7
Marlia sativa.	50 6	50 »
Tourteau de caméline.	35 2	39 3
— de chènevis.	42 1	47 8
— de faînes.	33 1	35 8
— de noix.	52 4	55 9
— de sésame.	67 9	74 7
— de thelaspi.	55 6	» »
Marc.	7 3	» »
Marc de café.	18 5	20 5
Touraillons d'orge germée. . .	45 1	49 »
Poudrette de Montfaucon. . . .	15 6	26 7
Noir animalisé.	11 à 14 »	25 à 30 »
Noir des raffineries.	1 25 à 2 »	2 20
Sang desséché (insoluble). . . .	148 7	170 »
— (soluble).	124 8	150 »
— coagulé et pressé.	45 4	» »
— liquide des abat-		
toirs de Paris. . .	29 4	» »
Morue salée et altérée.	67 »	108 6
et pressée.	108 6	137 4
Harengs non salés.	27 4	117 1
Colombine (séchée à l'air). . . .	83 9	91 2
Très bon guano du Pérou. . . .	113 3	» »
Guano ordinaire.	100 à 120 »	» »
Engrais-guano phosphata de Pi-		
chelin.	78 4	90 2
Engrais flamand liquide.	1 9	» »
Urine humaine.	12 5	» »
— des urinoirs.	7 5	» »
— de vache.	15 5	» »
— de porc.	2 5	» »
— de cheval. . . . . . . : .	17 5	» »
— de mouton.	16 8	» »

AZOTE DANS 100 DE MATIÈRES DESSÉCHÉES.

Chiffons de laine.	17 98	» »
Plumes.	15 34	» »

	A l'état ordinaire.	Privé d'humidité.
	gr.	
Rapures de cornes.	14 36	» »
Viande desséchée.	13 23	» »
Poils et crins.	13 78	» »
Pain de cretons	11 87	» »

QUANTITÉ PRODUITE PAR LES ANIMAUX

Les animaux produisent du fumier en raison de la quantité de nourriture et de la quantité de litière qu'ils reçoivent de sorte que la masse des engrais obtenue ne dépend pas tant du nombre de têtes de bétail, que de la quantité de matières que l'on a à leur faire consommer ; les bêtes qui consomment des aliments nutritifs donnent un fumier plus abondant et meilleur que celles qui se nourrissent de matières peu substantielles.

Le fumier des animaux en bonne santé, en bon état, et surtout celui des animaux gras, ou à l'engrais, est bien préférable et plus abondant que celui produit par des animaux maigres ou chétifs. Cela se comprend.

Les bestiaux bien portants ou gras laissent le résidu de leur nourriture imprégné de plus de substances animales : leurs sécrétions internes sont plus abondantes.

D'après ce que nous venons de dire, nous voyons que la quantité de fumier qu'on produit dépend : de la quantité de fourrages, de la quantité de litière, de la manière dont il est disposé et conservé, elle varie aussi d'après la taille des animaux. Voici les résultats que la pratique a permis de constater :

CHEVAL.

Thaër	indique.	7.400 kilog.
De Dombasle	—	16.200 —
Bella	—	8.900 —
Hundershagen	—	10.200 —
Frédersdorf	—	8.700 —

Moyenne 10.200 kilog.

BŒUFS DE TRAVAIL.

Thaër indique	6.400 kilog.	
Bella.	11.600 —	Moyenne 9.400 kilog.
Hundershagen.	10.200 —	

BŒUF A L'ENGRAIS.

De Dombasle. . . . . . . 25.300 kilog.

VACHE EN STABULATION.

Bella.	13.900 —	
Hundershagen.	11.500 —	
Frédesdorf.	11.600 —	Moyenne 11.400 kilog.
Pfeiffer.	9.800 —	
—	11.030 —	

BÊTES A LAINE.

Bella.	340 kilog.	
Hundershagen.	420 —	
De Dombasle.	660 —	Moyenne 550 kilog.
Thaër.	440 —	
Frédersdorf.	770 —	
Méger.	730 —	

BÊTE PORCINE.

Thaër.	800 kilog.	Moyenne 750 kilog.
Heuzé.	700 —	

La quantité du fumier est variable : aussi suivant le séjour prolongé des fumiers dans les étables, les bêtes qui vivent au dehors produisent moins de fumier que ceux qui restent constamment dans les bâtiments.

La densité du fumier est variable suivant son plus ou moins grand état de décomposition, et le tassement qu'il a subi dans les fosses ou les plates-formes.

Voici le poids du mètre cube :

FUMIERS	PAILLEUX	FAITS	DÉCOMPOSÉS
Cheval	350 à 400 kil.	450 à 500 kil.	600 à 650 kil.
Bêtes à cornes . .	500 à 600 —	650 à 750 —	800 à 900 —
Bêtes à laine . . .	400 à 450 —	550 à 600 —	650 à 700 —

Le fumier normal ou fumier type bien fait pèse de 700 à 800 kilogrammes le mètre cube.

Le fumier peut être employé dans toutes ses périodes de décomposition depuis sa sortie de l'étable jusqu'à une décomposition très avancée qui le réduit à l'état de terreau.

Le fumier frais s'emploie le plus souvent en couverture sur les prairies artificielles en hiver pour les empêcher de geler, il peut encore s'employer de même au printemps sur les céréales qui ont souffert des gelées d'hiver. On peut l'épandre frais sur les terres qui souffrent de la sécheresse.

Mais l'emploi du fumier frais présente plusieurs inconvénients ; il contient beaucoup de mauvaises graines qui germent et salissent le sol en absorbant le fumier pour nuire aux récoltes ; il faut donc éviter de se servir du fumier frais pour les céréales, si l'on est obligé d'en user, il faut le réserver pour les plantes sarclées dont la culture permet de détruire les mauvaises herbes. Là, encore, pour les plantes sarclées, il doit être employé avec discernement : les pommes de terre s'en accommodent très bien ; mais il fait bifurquer les carottes et les betteraves.

Le fumier pailleux doit être mis dans les terres fortes, argileuses, la paille dans ces terrains aide à l'ameublissement du sol. Les fumiers décomposés doivent être conservés pour les terres légeres, sableuses, parce que ce fumier communique au sol de la fraîcheur.

Le fumier est transporté sur les champs en quantité variable, suivant la richesse de la terre, et là il est enfoui pour restituer au sol les principes enlevés et donner à la terre une fertilité plus grande.

L'azote, comme nous l'avons montré par les chiffres, se trouve en grande abondance dans les récoltes et est par conséquent un des aliments que l'on doit s'attacher le plus à rendre au sol.

Lorsque le fumier n'en contient pas assez, on peut l'améliorer

13

et l'on doit le faire par les engrais chimiques et complémentaires.

Il nous importe donc de savoir à quelle source on peut tirer l'a zote et l'avoir à meilleur compte. Les matières qui fournissent ce corps, peuvent se ranger sous trois classes :

1° Sulfates d'ammoniaque ;

2° Azotates de soude ;

3° Azotates de potasse.

Et voici leur composition en azote, leur prix, et la dose à employer.

	AZOTE	PRIX	QUANTITÉ A EMPLOYER
Sulfate d'ammoniaque. . . .	21.21	52 fr.	50 à 200 kil.
Sulfate de soude	16.47	43 fr.	100 à 200 ..
Nitrate de potasse.	13.84	20 à 25 fr.	200 à 300 —

Le Phosphore est un corps qui se trouve en abondance dans les récoltes, considérons plusieurs plantes, nous verrons qu'elles contiennent le phosphore à des degrés plus ou moins grands.

PAR KILOGRAMME DE MATIÈRES SÈCHES	ACIDE PHOSPHORIQUE		PHOSPHATE DE CHAUX CORRESPONDANT		OBSERVATIONS
	Grain	Paille	Grain	Paille	
Froment	8.35	2.2	17.87	4.'	
Seigle	».»»	1.5	».»	3.2	
Orge	6.4	2.»	13.69	4.28	
Avoine.	10.68	2.1	22.88	4.49	
Sarrazin	5.»	».»	».»	12.38	
Luzerne	2.5	».»	».»	3.65	
Trèfle	1.31	».»	».»	2.81	
Pulpe de betterave . .	⅘.»	».»	».»	8.56	
— de pomme de terre. .	4.4	».»	».»	9.41	

Cet acide phosphorique est enlevé à la terre par les diverses récoltes surtout par les grains, lorsque ceux-ci ne sont pas tous consommés à la ferme on exporte de l'exploitation le phosphore et on prive sa terre d'une richesse qui lui est utile, et celle-ci finit par s'appauvrir, si l'on n'a pas soin de lui rendre ce principe par les engrais phosphores, et on doit le restituer dans la proportion où il a été enlevé et même en mettre un excès.

Ainsi une récolte de froment de 3.000 kilogrammes en grain et 5.000 en paille, contient 24.500 pour le grain de phosphore et 11 kilog. 500 pour la paille, ou un total de 36 kilog. 000 d'acide phosphorique.

Betteraves. — Une récolte de 50.000 kilog. de racines contient 55 kilog. de P. H O^3.

15.000 kilog. de tubercules de pommes de terre renferment 27 kilog. de P. HO^6.

Comme on le voit avec ces proportions trouvées par les différentes analyses, la terre ne serait pas longue à être privée de phosphore si on ne lui en donnait pas, et il lui en faut; on dit même qu'un sol qui n'en renferme pas au moins 12.000 kilog. à l'hectare est stérile.

	ACIDE PHOSPHORIQUE POUR 100	PRIX AUX 100 KILOGR.	DOSE à EMPLOYER
Os verts.	21 à 22	»» »	
Os dégélatinés . .	29 à 30	18 »	
Noir animal (neuf).	31 à 32	12 à 13	4 à 8 hectol.
— — (a servi).	25 à 28	11 à 12	
Cendres d'os . . .	40 »	18 »	

Les sources dont on tire le phosphate sont de deux catégories:

1° Les phosphates d'origine animale ;

2° Les   —   —   minérale.

Les phosphates animaux ont les os qui contiennent suivant qu'ils sont verts ou dégélatinés l'acide phosphorique en proportion variable, voici leur teneur en P. H O ⁵ et leur prix :

ENGRAIS PHOSPHORÉS MINÉRAUX

Ces engrais comprennent des gisements de coprolithes ou nodules pierreuses qui contiennent du phosphate de chaux, on les trouve dans les départements de la Meuse, des Ardennes, dans le Lot. Ceux du Lot sont les plus riches, ils contiennent jusqu'à 32 p. 100 d'acide phosphorique et à Paris, on les vend 10 francs les 100 kilog, ce qui remet le kilog. du phosphore à 39 centimes ; ceux des Ardennes ne dosent que 18 p. 100 de P. HO³ et sont vendus 6 à 7 francs à Paris.

Les phosphates minéraux présentent une grande résistance à la dissolution, et cette résistance tient à leur état d'agrégation, mais elle peut être détruite par les acides qui les dissolvent, et ils prennent alors dissous le nom de superphosphate ; c'est du phosphate traité par l'acide phosphorique ; il revient à 20 francs les 100 kilog.

Tous les cultivateurs devraient s'en servir et le fabriquer eux-mêmes, et ils éviteraient ainsi la fraude des marchands d'engrais.

Pour le fabriquer, on prend 100 kilog. de phosphate dosant 45 p. 100, on emploie 50 kilog. d'acide sulfurique à 50° étendue de 50 kilog. d'eau.

La poudre de phosphate a été étendue sur une cuve de grange non calcaire, on verse dessus le mélange d'acide sulfurique et d'eau, puis on brosse le tout avec des pelles en ayant soin de faire bien attention que toute la poudre soit imbibée.

Lorsque la manipulation est complète, on répand sur la

masse un peu de plâtre cuit pour pulvériser et hâter la dissécation.

Les superphosphates ne doivent pas être fabriqués trop longtemps avant leur emploi : car leur solubilité diminue avec le temps.

Fabriqués de cette manière, les superphosphates ne coûtent pas cher, et on est sûr de ne pas être trompé, nous pouvons établir leur prix de revient.

Phosphate de chaux, 6 fr. les 100 kilog., ci.	6 fr. »
Acide sulfurique à 50° 12 50 — ci.	6 25
Une journée d'ouvrier et plâtre pour la dessication.	3 50
Total.	15 75

La quantité à employer par hectare est de 500 kilog. ou une dépense d'environ 90 francs par hectare.

Une bonne méthode de donner aux terres l'acide phosphorique est de répandre sur les fumiers des phosphates fossiles qu'on se procure en poudre à Revigny, dans la Meuse, au prix de 4 fr. 50 le sac de 100 kilogrammes.

La potasse qui est l'oxyde de potassium existe dans toutes les plantes, la plupart des récoltes en font des consommations assez grandes. Ainsi dans une récolte de froment en grain de 3.000 kilog. et en paille de 4.000 kilog., on trouve 36 kilog. de potasse.

Dans une récolte de 50.000 kilog. de betteraves, on trouve 200 kilog. de potasse ; dans 15.000 kilog. de pommes de terre il y a 84 kilog. de potasse. Ces chiffres sont assez considérables pour que l'on y fasse attention et qu'on restitue à la terre ce qui lui a été soustrait par les récoltes. On peut le faire par les fumiers, mais ceux-ci n'en sont généralement pas assez riches, et on y supplée par les engrais chimiques.

Les sels qui contiennent de la potasse sont :

1° Le nitrate de potasse ;

2° Le chlorure de potassium ;

3° Le sulfate de potasse :

4° Le carbonate de potasse.

Voici leur analyse, leur prix et leur quantité à mettre par hectare :

	POTASSE	PRIX DES 100 KILOG.	PRIX DU KILOGR.	QUANTITÉ PAR HECTARE
Nitrate de potasse.	44 0/0	75 »	0.88	
Carbonate de potasse	68.16	» »	» »	
Sulfate de potasse. .	54.07	30 »	0.70	10 kilogrammes.
Chlorate de potasse.	52.41	25 »	0.56	

Un élément encore très utile aux végétaux est la chaux qui est donnée par le sulfate de chaux ou plâtre qui est excellent pourtant pour les plantes de la famille des légumineuses.

Le plâtre cru contient :

Chaux. 32 49 0/0
Acide sulfurique. . . . 46 »
Eau. . . . . 21 »

Son prix est de 8 fr. 50 les 100 kilogrammes aux carrières de Montmorency :

Le plâtre cuit contient :

Chaux. 32 49 0/0
Acide sulfurique 58 88

Il coûte 9 fr. 50 les 100 kilogrammes.

La soude et le chlore peuvent être donnés par le chlorure de sodium qui n'est autre chose que le sel marin ; mais il ne faut pas en abuser parce qu'il brûle la terre, et il est meilleur d'en mettre dans les aliments des animaux.

Lorsqu'il en faut pour des terres on en met une dose de 4 à

500 kilog. par hectare et on a avantage à se procurer du sel dénaturé.

Les salines de l'Est le vendent 3 fr. 50 les 100 kilog. déna turé à l'absinthe et 4 fr. 75 dénaturé aux tourteaux oléagineux.

J'ai cru devoir m'étendre sur ce chapitre pour montrer l'utilité des engrais et faire connaître cette loi de restitution qui est si souvent oubliée, et le principe de la terre : Il en est du champ, comme de l'homme ; quand il gagnerait beaucoup, s'il dépense trop il ne reste rien, c'est-à-dire que si le champ est dépourvu des substances qu'il a données aux plantes, si ces plantes ne lui sont pas rendues par le fumier, il s'affaiblit et devient stérile.

ENGRAIS HUMAINS.

Un engrais dont on ne devrait perdre aucune parcelle et qui est produit partout, est l'engrais humain que l'on peut utiliser à la ferme du Becquet, grâce aux usines nombreuses qui sont dans le pays, et que souvent on laisse perdre.

La matière fécale est un des engrais les plus riches et l'on ne devrait jamais la laisser perdre lorsqu'on peut s'en procurer à bon compte.

Ce qui a fait qu'on a rejeté ces engrais pour la culture c'est leur odeur fétide et repoussante et un préjugé admis longtemps, c'est qu'ils communiquaient aux plantes cultivées une odeur désagréable ; mais on est revenu de cette erreur et l'on commence à les employer.

La vidange se compose de deux parties : l'une semi-solide, appelée gadoue, bourbasse, gras cuit ; l'autre, liquide ou eaux-vannes.

Les matières pèsent 1031 kilogrammes le mètre cube.

Voici les éléments qu'on y trouve :

Eau.	980 kilog.	3₇
Matières organiques visqueuses.	26	59
Ammoniaque.	7	6₃
Potasse.	2	14
Acide phosphorique.	3	43
Acide nitrique, sulfurique, sulphydrique, carbonique. . .	»	»
Alumine, chaux, magnésie, soude.	5	57
Silice et oxyde fer.	5	7
Total.	1.031	43

La production par an d'un homme et de un demi-mètre cube.

Les fosses dans les usines se composent de caisses étanches que l'on vide lorsqu'elles sont pleines dans des fosses où l'humidité est absorbée par des pépins de batteurs qui ne sont autre chose que la poussière et les déchets du coton, de cette manière il ne se produit pas d'évaporation. La matière se trouve ainsi désinfectée.

Ces matières me sont vendues par les usines au prix de 1 fr. 75 le mètre cube.

Les frais de transports sont peu élevés ; les fabriques étant tout près de l'exploitation.

On applique ces matières sur les prairies à raison de 10 mètres cubes par hectare ou 10.310 kilogrammes.

ENGRAIS VÉGÉTAUX.

Les engrais végétaux contiennent des sels immédiatement solubles et ils donnent au terrain plus d'humus ; ils sont plus longs que les matières organiques à produire leur effet, mais ils ont une action plus durable. Ces engrais conviennent surtout aux champs sablonneux et calcaires.

Pour qu'une plante soit employée comme engrais végétal, il faut qu'elle réunisse les conditions suivantes :

Qu'elle coûte peu de semence, qu'elle pousse vite ; qu'elle pousse vigoureusement.

TOURTEAUX

Les résidus qui sont les plus précieux, sont les tourteaux ou résidus d'huileries ; on emploie, comme engrais, ceux que les animaux mangent difficilement comme des tourteaux de colza, de caméline, de navette, de faine, de sésame et d'arachide.

Voici l'analyse de ces principaux tourteaux :

	Azote.	Acide phosphorique.
Tourteaux de colza.	5 35	3 »
— de caméline.	5 55	1 13
— de sésame.	5 57	1 17
— de faine.	4 50	0 97
— d'arachide.	0 07	0 55

On répand de 1.000 à 1.200 kilogrammes de tourteaux de colza dans le nord sur les blés et son prix moyen est de 15 à 16 francs les 100 kilogrammes.

AMENDEMENT

On entend par amendement des substances inorganiques qui, tout en fournissant aux plantes des principes minéraux, agissent surtout physiquement en atténuant les inconvénients, en corrigeant les défauts des sols. Ils agissent aussi quelquefois mécaniquement.

La chaux dans les terrains argileux ainsi que le sable sont les meilleurs amendements à mettre.

Dans l'exploitation que je possède, on a la chaux facilement, on

14

l'extrait de la côte des Deux-Amants dans des carrieres à ciel ouvert.

La marne que l'on emploie pour l'amendement des terres de la ferme donne à l'analyse :

Carbonate de chaux 85. 00 ; alumine 4. 50 ; silice 3. 00.

DES COMMUNICATIONS.

S'il importe d'enlever aux autres, a dit M. Louis Gossin, l'acces de son terrain, on doit chercher à le rendre facilement abordable pour soi-même.

C'est ainsi que de bons chemins ruraux augmentent singulièrement la valeur d'un domaine.

Les chemins sont de première nécessité pour relier l'exploitation aux diverses voies de communications plus grandes et qui vont aux débouchés, et il est de la plus haute importance de tenir en bon état ces diverses voies de communications. On ne peut pas, avec de très mauvais chemins, vendre ses produits avec avantage, ou bien le transport en devient très dispendieux et enchérit le prix des objets. Mais quand les voies de communication sont bien entretenues, chacun peut conduire ses denrées au marché facilement et sans grande dépense, à l'époque qui lui convient le mieux, et rapporter chez lui ce dont il a besoin. Dans beaucoup d'endroits les chemins sont en mauvais état et amoindrissent la valeur des terres. Les propriétaires sont souvent obligés de faire des sacrifices à ce sujet, aussi bien pour leurs chemins que pour ceux des communes auxquels ils appartiennent. Lorsqu'on veut créer une route, il y a plusieurs choses à faire, d'abord son tracé. La ligne droite n'est pas toujours la plus avantageuse ; on doit chercher à aplanir le plus possible les chemins. Les routes trop raides demandent plus d'efforts pour les animaux, ce qui les fatigue et les use. On ne doit pas passer la pente de 0 m. 05 par mètre pour les routes à empierrements et 0 m. 03 par mètre s'il s'agit d'une chaussée pavée. Lorsque la route est trop rapide, il faut la tracer obliquement et enlever des terres des hauteurs pour les mettre dans les fonds, c'est-à-dire les employer. L'humidité détériore complétement les chemins et pour éviter l'affluence de l'eau, on trace de chaque côté du chemin des fossés d'écoulement. On donne une forme bombée à la route, qui, au milieu, est plus haute de 3 100 de sa demi-largeur, c'est-à-dire, que si elle a 6 mètres, le milieu sera exhaussé de 0 m. 09

Les matériaux que l'on emploie pour construire ou améliorer les routes, sont : la pierre ou le gravier. La pierre doit être cassée en petits morceaux surtout celle qui est mise à la surface. Les cailloux employés sont siliceux ou quartzeux ou même calcaires ; mais ceux-ci sont moins bons. La largeur des chaussées varie suivant les besoins qu'on aura d'y passer, une largeur de 5 à 6 mètres est très bien et 0 m. 35 de pierres.

L'entretien des chemins se borne à boucher les trous et ornières, en y apportant des pierres, à râcler les boues l'hiver.

DÉBOUCHÉS

Les débouchés d'un endroit sont favorisés par les grands centres de population qui sont placés auprès. En effet l'habitant de la ville demande à celui de la campagne de lui fournir les choses nécessaires pour son entretien.

Il faut aussi, pour qu'un fermier puisse vivre, qu'il soit sûr de placer les produits qu'il aura en trop grande abondance, et faire des spéculations sans lesquelles on ne peut gagner d'argent.

Les principales conditions pour que ces débouchés soient faciles, c'est d'être près d'une ville, de plus, il faut encore que des chemins nombreux et bons relient l'exploitation à cette ville ou que les chemins de fer ou des canaux y conduisent.

Celui qui n'a pas à son service des routes praticables ne doit pas faire de spéculations qui le mettraient en perte, comme la production du fourrage ou des grains : il ne pourra faire la concurrence à un autre cultivateur placé près du centre de vente. et ayant à sa disposition de bonnes routes ; il aura les mêmes frais de culture. et vendra ses produits le même prix que le second cultivateur ; mais la difficulté des débouchés absorbera ses bénéfices.

La spéculation de ce cultivateur devra consister à faire consommer ses denrées par des animaux dans son exploitation, vendre ses animaux gras à la ville. Ces bêtes se transportent seules et les frais de conduite sont peu élevés.

A la ferme du Becquet, les débouchés sont faciles. plusieurs routes mènent à Rouen qui n'est située qu'à 20 kilomètres de Romilly.

Un chemin de fer passant dans la localité, raccorde la grande ligne du Havre à Paris, et de Dieppe à Paris. On peut. par ce moyen expédier ses denrées soit à Rouen soit à Paris, où des marchés existent plusieurs fois la semaine.

La distance de Rouen à Romilly n'étant pas très grande. on pourra acheter souvent du fumier à des prix plus bas qu'on ne saurait le produire et on rend à la terre des matières fertilisantes qui donneront de bonnes récoltes.

Avec ces engrais, on peut cultiver des plantes qui ne rendent rien au sol, ou vendre ses pailles, ses grains et ses fourrages et rapporter du fumier.

MAIN D'ŒUVRE

Les ouvriers dans une exploitation sont la première source du travail, et souvent la réussite d'une exploitation résulte de la bonté des travailleurs : c'est le premier des capitaux.

Le travail de l'homme est le plus nécessaire, et celui dont on peut le moins se dispenser parce que c'est lui qui met en mouvement toutes les autres sources de travail qui, sans lui, n'auraient pas d'effet utile.

Dans les exploitations, on distingue les ouvriers à l'année qui restent dans la ferme et les ouvriers tâcherons qui sont pris pour faire les récoltes où aider à un travail important, ou le hâter.

Dans les temps où nous vivons, la main d'œuvre est rare et chère ; ceci est dû à la diminution de population de notre pays et à ce que les ouvriers cherchent de gros salaires, qui ne peuvent leur être accordés dans ces temps de crises que par les fermiers qui ont de gros capitaux.

Alors ils abandonnent les campagnes pour courir aux villes, croyant gagner plus pour se procurer le bien-être que tout le monde désire avoir ; s'ils ne vont pas dans les villes, ils entrent dans les ateliers de l'industrie, et là gagnent un argent plus considérable, mais souvent aux dépens de leur santé : c'est ce qui se passe dans presque toutes les campagnes, et surtout à Romilly qui est un centre assez grand d'industrie. En effet, les usines de cuivre, les filatures, le tissage des cotons, le foulage des draps et les nouveaux travaux d'endiguement de la Seine au port de Poses, emploient un personnel nombreux où on les retient en leur donnant des salaires plus considérables.

La ferme du Becquot emploie des ouvriers à l'année et à la tâche ; ceux à l'année restent continuellement dans la ferme, y demeurent, ou ils ont leur habitation à Romilly ; les tâcherons viennent seulement, à certaines époques de l'année, faire les travaux des champs comme les binages, l'arrachage des betteraves, la moisson des céréales.

Les gens à l'année sont : les charretiers au nombre de deux ; deux bouviers et un aide bouvier, une femme pour faire la cuisine aux hommes de la ferme, trois hommes de cour et un ouvrier chargé de l'entretien des harnais. des fossés d'irrigations, d'étendre les taupinières. en un mot, de soigner les prairies

ASSOLEMENT SUIVI DANS L'EXPLOITATION

« La terre dilate en la mutation des semences. »
OLIVIER DE SERRES.

La terre a besoin pour pouvoir donner des récoltes et ne pas s'épuiser en certains principes que certaines plantes aiment et qu'elles extraient de la terre pour former leurs substances. de ne pas alimenter plusieurs fois les mêmes produits. sans quoi, la terre, dépourvue de ces principes utiles, ne pourrait donner que des récoltes insuffisantes et faibles qui dans le temps ou nous vivons, mettent l'exploitant en perte.

S'il était possible d'obtenir des engrais en quantité suffisante, on pourrait remettre les mêmes végétaux sur les mêmes sols ; mais on ne peut toujours disposer de ces engrais qui sont souvent onéreux à produire.

Les plantes aussi laissent dans le sol des excréments qui sont nuisibles aux plantes de la même famille que l'on mettra après elles.

L'antipathie est souvent une cause d'insuccès dans la culture des plantes. Ces diverses considérations ont amené les cultivateurs à disposer leurs cultures dans un certain ordre : c'est ce qu'on appelle assoler un domaine.

L'assolement est donc la succession variée des plantes ordinairement de diverses familles sur un sol, ou encore la division des terres arables d'une exploitation.

La rotation est l'ordre dans lequel les cultures de l'assolement se succèdent les unes aux autres dans le même champ. La sole est une des parties qui composent l'assolement : c'est une division.

Le système de culture d'une exploitation est constitué par l'assolement et les plantes qu'on y admet.

Comme il existe plusieurs sortes de végétaux, il existe donc divers systèmes de cultures que l'on peut diviser ainsi :

Système industriel, c'est-à-dire celui qui fournit beaucoup de plantes aux fabriques.

Système céréal, qui fournit les graines.

Système herbager, qui élève ou engraisse les animaux pour fournir la viande à la consommation.

Dans une même exploitation on est souvent forcé de frapper à plusieurs portes pour y trouver des bénéfices, alors on a différents systèmes de culture.

Le choix d'un système de culture est assez difficile, il dépend de nombreuses considérations ; mais surtout de trois choses principales.

1° De la nature du sol ;

2° Des circonstances particulières dans lesquelles se trouve l'exploitation ;

3° Du capital d'exploitation dont on dispose.

En effet, on ne pourrait cultiver exclusivement des plantes qui ne peuvent venir sur un sol quoiqu'elles offrent des avantages considérables.

Les circonstances qui influent sur le choix d'un assolement sont, par exemple : la proximité d'une ville ou d'un centre de population quelconque qui permettent de se livrer à la vente du lait, du beurre ou de la viande, cela nécessiterait l'entretien du bétail et l'extension des cultures fourragères.

Si, d'autre part, on a une grande facilité de se procurer des engrais, on s'appliquera aux cultures industrielles qui en demandent.

Dans un pays où la main d'œuvre est à bas prix, on fera des cultures sarclées ; là, au contraire, où elle est chère, on aura plus de prairies artificielles et naturelles, un bétail nombreux. Une foule d'autres circonstances peuvent encore modifier les systèmes de cultures.

Telles sont : la proximité des industries, sucreries, distilleries, féculeries, chemins de fer, canaux, cours d'eau, état des chemins, facilité des transports par les routes.

Les capitaux sont pour beaucoup dans un assolement ; aussi avec de forts capitaux, on peut adopter de suite n'importe quel système d'assolement : tandis qu'avec un argent insuffisant, on est obligé de viser à l'économie, et de prendre un assolement, où les capitaux peuvent être restreints.

Nous pouvons donner comme règle que l'assolement doit tendre constamment à l'amélioration du sol pour que sa fécondité aille en augmentant, il faut donc grouper les plantes qui exigent beaucoup d'engrais avec celles qui en demandent moins ou qui, une fois enlevées, ont laissé au sol une certaine proportion de fertilité, de là deux sortes :

PLANTES AMÉLIORANTES. — PLANTES ÉPUISANTES

Les plantes améliorantes se nourrissent aux dépens de l'air, et déposent dans le sol des débris de nature fertilisante qui lui rendent plus de principes nutritifs qu'elles ne lui en ont enlevé. Ces plantes servent en général pour la nourriture du bétail, et par là donnent des engrais qui, remis dans le sol, lui donnent encore de la fertilité, telles sont les plantes de la famille des papilionacées.

D'autres végétaux puisent leur nourriture seulement dans le sol, comme les céréales, les plantes industrielles, etc., et ne lui donnent rien ; elles l'épuisent : ce sont les plantes épuisantes : il faut donc, pour ne pas ruiner la terre, que les plantes épuisantes soient moins nombreuses que les plantes améliorantes, à moins qu'elles ne soient consommées à la ferme et rendues au sol par le fumier.

L'assolement suivi pendant longtemps à la ferme du Becquet est celui de 3 ans, qui se divise ainsi :

Blé, avoine, dans lequel on sème une prairie artificielle, trèfle ou luzerne.

On fume la première année et on le sème en blé.

Cet assolement est à jour parce que la récolte se trouve sur le fumier, et peut donner une bonne récolte. La terre n'est pas épuisée et alors on fait une très bonne récolte d'avoine, après la troisième année.

Le prairie artificielle améliore la terre. Le défaut de cet assolement c'est d'être trop court, surtout avec une plante améliorante, la dernière année. Aussi sera-t-il abandonné pour prendre un assolement de 7 ans.

Outre l'assolement qui est suivi, il y a des soles de terre qui sont continuellement en prairies naturelles irriguées et non irriguées et en plus des bois.

Voici l'étendue des terres et la division qu'elles ont à non entrée en ferme.

Étendue de l'exploitation. . . .	287	hectares.
Terres labourables.	126	—
Prairies irriguées.	47	—
non-irriguées	6	—
Larris.	8	—
Bois.	100	—
Total.	287	hectares.

Comme on le voit, l'étendue des prairies est considérable puisqu'elle est de 53 hectares. Le système de culture peut se rattacher à la période fourragère.

Les bois sont pourtant aujourd'hui la plus belle et la plus agréable propriété, la plus facile à gérer et celle qui augmente toujours de valeur.

Les terres labourables d'une étendue de 126 hectares sont

15

occupées par des pommes de terre, des betteraves, du blé, de l'avoine, de l'orge et des prairies naturelles; mais l'étendue des soles où ces plantes sont ensemencées, varie suivant les besoins du fermier qui cultive en ce moment.

Les terres étant assez fertiles donnent un rendement assez bon.

RENDEMENT DES PLANTES A L'HECTARE.

Betteraves.	45.000 kilog.
Carottes.	50.000 —
Pommes de terre.	32.250 hectol.
Blé.	20 —
Seigle.	22 -
Orge.	26 —
Avoine.	35 —
Luzerne.	6.000 kilog.
Trèfle.	» —
Sainfoin.	» —
Prairies naturelles,1 coupe.	5.500 —

DES PRAIRIES

Qui dit pré dit foin et qui dit foin dit tout.
De toutes sortes d'herbages, est à souhaiter
Notre domaine bien pourvu pour la richesse et la beauté.

OLIVIER DE SERRES.

Les prairies naturelles étant très importantes dans l'exploitation où l'on fait l'élevage et l'engraissement, nous en parlerons un peu longuement.

On appelle prairie, pâturage, une surface de terre engazonnée que l'on ne retourne jamais à la charrue et que l'on fauche ou que les animaux consomment sur place.

Dans les temps où nous vivons on crée beaucoup de prairies et c'est la culture fourragère qui est la plus employée. Le prix du blé étant tombé à un prix excessivement bas, ne donne plus de bénéfice au cultivateur qui s'y adonne, il a fallu renoncer à cette culture et l'on a créé des prairies pour élever ou engraisser du bétail qui donne encore un peu de bénéfices.

Les prairies de la ferme du Becquet ont une contenance de 53 hectares. Au moment où j'entre dans l'exploitation. elles sont presque toutes irriguées : celles qui ne le sont pas peuvent au moyen de travaux devenir irrigables.

On trouve les prairies sur deux sols : sur les terrains argilo-calcaires et sur les terrains argilo-sableux : et si les herbages de Normandie sont si beaux, cela tient à l'épaisseur de la couche arable de ces terrains. à la fertilité de ces terres et à l'humidité de l'atmosphère ainsi qu'à la douceur du climat.

Les herbages de l'exploitation sont enclos soit par une haie vive ou par un barrage en bois et en fil de fer. soit par la rivière.

Les plantes qui composent les prairies. sont en général des plantes de la famille des graminées, des plantes de la famille des papillons et quelques plantes aromatiques. Toutes les herbes qui composent une prairie ne sont pas d'une seule espèce et elles varient suivant la composition du sol et suivant son degré d'humidité.

Nous étudierons donc les plantes qui croissent sur le terrain argilo-calcaire et celles qui poussent sur le sol argilo-siliceux.

PLANTES DES SOLS ARGILO-CALCAIRES

La cauche flexueuse (aira fleruosa). famille des graminées.

La cauche flexueuse est une plante de nos pays : ses chaumes ont une hauteur de quatre à huit décimètres ; ils sont droits, s'élevant sur un gazon serré, feuilles très minces et capillaires, les ligules des feuilles caulinaires. tronquées ou très obtuses, presque toujours bifides ou multifides, à divisions très obtuses ou tronquées : panicules peu fournies, subtrichotome étalée, ou plus ou moins resserrée et d'un jaune rouge. à rameaux capillaires un peu rudes ; paillettes luisantes. souvent panachées de blanc argenté et de violet, paléole externe à cinq nervures, garnie à sa base d'un faisceau de poils courts et d'une arête assez longue, dépassant la glume coudée dans son milieu ; scobine supportant le fleuron supérieur au moins quatre fois plus courte que lui ou fleuron subsessile.

Ces plantes se trouvent dans les parties un peu élevées et sèches des herbages. Les tiges sont nombreuses mais grêles et peu productives ; elles forment de belles étoffes : elle n'est pas difficile sur la qualité du terrain, elle demande qu'il soit bien ameublé.

Les bœufs la mangent avec plaisir, mais elle ne peut être fauchée parce qu'elle donne un fourrage trop court.

Elle donne en général sur un terrain argileux.

	EN VERT	EN FOIN	MATIÈRES NUTRITIVES POUR 10.000 PARTIES
A la floraison...	9.496 kilog	3.097 kilog.	312
A la maturité...	8.862 —	3.324 —	312
Regain.........	2.532 —	«	273

Fétuque ovine (Festuca ovina). Fétuque des brebis.

Panicule à fleurons mutiques ou courtement aristés au sommet, feuilles tartes enroulées, setacées. très fines, scabres. ligules, biauriculée, souche cespiteuse.

Cette plante aime les terrains pourvus de calcaire ; elle ne demande pas qu'ils soient très fertiles.

Elle est hâtive et croit par touffes épaisses et isolées. Plante peu élevée, a feuilles petites et aiguës ; c'est une excellente plante comme pâturage quoique sa valeur nutritive ait été controversée ; elle est mangée pas les moutons.

Elle donne un foin fin, mais peu abondant. La fétuque ovine donne en vert 10.000 kilog. en foin 3.500 kilog. contenant 9.187 kilog. de matières nutritives pour 10.000 parties et 0.09 d'azote.

Fléole des prés ou Thimothy (Phleum prateuse). On la désigne encore sous le nom de Phléole timothée ou massette. La tige de 0 m. 50 à 0 m. 90 est droite, un peu coudée inférieurement, est munie de feuilles larges un peu rondes sur les bords; et peu verdâtre cylindrique, serré, obtus, pas soyeux; il est muni d'arêtes courtes.

Cette plante vivace croît dans les terrains argileux ou frais et de bonne qualité; elle a été appréciée diversement : les uns lui reconnaissent des qualités médiocres à cause de sa tardivité; les autres l'estiment beaucoup, l'envisagent comme une des meilleures graminées, à tel point que c'est par la présence de cette plante qu'ils jugent de la valeur d'une prairie sans partager les exagérations des uns et des autres. On peut regarder la léole comme une plante tardive mais feuillant de bonne heure, très productive dans les herbages moyens arrosés. Elle repousse vite après avoir été fauchée, mais donne un foin un peu gros, un peu dur, mais de bonne qualité.

On doit faucher la fléole avant sa floraison.

La fléole donne dans les bonnes terres de 7.000 à 18.000 kilog. de foin et 5.000 à 6.000 kilog. de regain ; 10.000 parties contiennent 273 parties de matières nutritives ; la teneur en azote pour 100 de foin normal est de 102.

Avoine élevée, fromental (Avena elatior ou Avihenatherumclatius) souche cespiteuse ou un peu traçante, émettant beaucoup de chaumes de sept à quinze décimètres, droits ou un peu obliques, supérieurement globées ou velues, surtout sur les nœuds; feuilles assez longues, planes, panicule plus ou moins oblongue, un peu étroite et souvent penchée à la floraison, locustes à deux fleurons développés, l'un ou tous les deux aristés. Le fleuron inférieur muni d'une longue arête coudée et tortillée dans son milieu ; glume et glumelle d'une couleur plus ou moins jaune violacée. La glumelle de la fleur mâle portant une longue arête dorsale flexueuse.

Cette graminée se plaît dans les sols élevés et fertiles ainsi que dans les prairies franches et irriguées ; elle a une longue durée et donne un fourrage précoce. On doit faucher avant la floraison parce qu'elle sèche vite sur pied. Le foin que donne cette plante est un peu gros et de qualité ordinaire. Elle résiste bien à la sécheresse et repousse vite après qu'elle a été fauchée.

Le bétail en général la recherche ; les chevaux s'en montrent très friands avant le durcissement des tiges ; cependant si elle se trouve en trop grande abondance, elle donne une saveur aux fourrages.

Son produit est de 13.825 kilog. de foin par hectare et perd 0.60 de son poids par la fenaison. 100 parties de foin normal renferment 0,85 d'azote ; 2.000 kilog. renferment 390 kilog. de matières nutritives.

Houlque laineuse, synonymie Houque laineuse, Houque aristée ; Brouillard d'Yorkshire, Doucette des prairies, Blanchard velouté, Brouillard d'Écosse.

C'est une plante vivace, à souche capiteuse, à tige droite articulée, s'élevant de 0 m. 50 à un mètre de hauteur et à nœuds velus, feuilles planes, douces au toucher, chargées, ainsi que leur graine, d'un duvet cotonneux qui fait paraître souvent la plante blanchâtre, panicule étalée pendant la floraison plus ou moins colorée de violet, glumes velues, laineuse, paillettes un peu arrondies au sommet, velues ciliées, locustes plus petites que la glume, paléole externe du fleuron supérieur glabre ou presque glabre ou garni à la base de quelques poils extrèmement courts n'ayant jamais le tiers de la longueur ; arête en hameçon à la maturité, ne dépassant pas ou dépassant à peine la glume et n'atteignant pas la longueur du fleuron.

Cette plante fleurit de mai à novembre. La graine qui succède à la fleur tombe facilement de la panicule. Il convient donc de la récolter avant maturité complète.

La houlque est très commune dans nos pays, on la rencontre au bord des chemins ou dans les herbages. Elle réussit à peu près dans toutes sortes de terrains ; mais elle préfère les sols frais, même humides.

Cette plante est précoce et aimée de tous les bestiaux aussi bien verte que sèche, mais le foin qui en provient est mou, blanchâtre, qui devient poudreux et de qualité secondaire, elle donne :

	EN VERT	EN FOIN	MATIÈRES NUTRITIVES PAR 10.000 PARTIES
Vers la mi-avril.	4.431 kil.		
A la floraison.	de 17.721 » à 20.251 »	5.556 kilog. 6.493 »	625 625

A la maturité, elle ne contient que 429 parties de matières nutritives pour 10.000 parties.

Elle perd 0.63 de son poids par la fenaison, 100 parties de foin normal contiennent 0.63 d'azote.

Floure odorante, foin dur. (Anthose authum odoratum).

Souche cespiteuse, tiges de 0 m. 40 à 0 m. 80 de hauteur disposées en touffes simples, droites, feuilles planes, au nombre de deux à quatre sur le chaume, rudes sur les bords et un peu silicées à la base, plus courtes que leurs graines ; panicule spiciforme ovale, oblongue, compacte, rarement presque diffuse, locuste légèrement pédonculées ; paléoles des fleurons stériles, arrondies, obtuses, velues, à poils appliqués, bruns, luisents ; l'une portant une arête setiforme droite, l'autre, une arête tortillée à la base et genouillée, dépassant la glume.

Elle est très précoce ; la plupart des plantes sont mûres à l'époque du fauchage, ce qui est avantageux pour les animaux puisque le foin est plus nourrissant : mais la plante épuise la terre.

La floure végète par petites touffes ; elle aime les terrains sains un peu frais.

Elle fournit deux ou trois coupes mais donne un fourrage peu abondant et peu nutritif, mais il augmente la qualité des autres fourrages par l'odeur aromatique qu'il communique au foin.

Elle plait à tout les herbivores, tant à l'état d'herbe que de foin, et communique à leur chair un parfum et une saveur particulière.

La floure donne :

	En vert.	En foin.
A la floraison.	6.394 kilog.	2.396 kilog.
A la maturité.	5.607 »	2.107 »
Regain.	6.330 »	» »

L'herbe perd 0.73 de son poids par la fenaison, 100 parties de foin normal contiennent 0.63 d'azote, d'actyle pelotonné, d'actyle aggloméré (d'actyles glomerata), graminée de la tribu des Testucacées de Jussieu.

Le dactyle pelotonné présente une souche cespiteuse et vivace. tige droite, noueuse de 6 à 13 décimètres, dressée en ascendante à la base. feuilles linéaires planes ou canaliculées glatres, rudes au toucher et surtout d'une largeur de 1 centimètre, ligule longue et la ciniée : panicule lâche, chargée d'épillets petits, verdâtres ou violacés, nombreux et serrés en glomerules unilatérales compactes : ils contiennent chacun trois fleurons parfaits et un ou deux à l'état rudimentaire.

La glumelle inférieure est à carène scabre ou cilicé. Les graines du dactyle pelotonné sont mûres à la fin de juillet ; elles sont persistantes sur la tige, et on peut attendre leur parfaite maturité sans craindre de les perdre par l'égrenage sur le sol. La graine est blanchâtre ou grise, marbrée de carmelines, et terminée par un bec ou pointe de 2 à 3 millimètres. Son diamètre moyen est de 1 millimètre et sa longueur de 2 millimètres, y compris la pointe.

On distinguera toujours cette plante avant la floraison, ou même avant l'épanouissement des organes floraux par la forme aplatie de ses tiges, la largeur de ses feuilles d'un vert glauque, qui tranche avec les autres graminées, et le volume de ses touffes presque toujours saillantes à la surface du terrain.

Le nom de pied-de-coq, sous lequel on désigne aussi cette graminée provient de la manière dont son inflorescence serrée est divisée.

Ce mode de division lui donne en effet une certaine ressemblance avec le pied-du-roi de la basse-cour. Cette plante est très commune, on la trouve partout; mais surtout dans les terrains frais, substantiels, un peu ombragés.

Cette plante, essentiellement rustique, a soulevé contre elle des objections qui ne sont que relatives : les uns considérant son mode de végétation en grosses touffes, lui ont refusé toute espèce d'utilité pour la formation des prairies, et ont même prétendu que le bétail ne la mange qu'à défaut d'autre herbe, et qu'elle faisait dépérir autour d'elle les autres graminées. D'autres prétendent que le dactyle pelotonné constitue, à la fois, la graminée la plus savoureuse et la plus utile de toutes celles qui abondent dans les prairies, non seulement à cause de sa précocité et de sa tardivité, mais aussi de sa nutritivité.

Les deux opinions comptent de nombreux partisans, quoique ni l'une ni l'autre ne soit tout à fait rationnelle ou admissible.

Les reproches que l'on a faits au dactyle sont de beaucoup exagérés; examinons dans quelles circonstances elle peut être utile, et quelles sont celles qui lui sont défavorables.

16

Par son mode de végétation cette plante appartient, comme nous l'avons vu, à la catégorie des graminées à souche longuement cespiteuse et à feuilles, et chacune inclinée ; mais la culture modifie singulièrement ses propriétés, si les prairies sont appelées à être fauchées et si le tapis de verdure n'est pas serré et solidement engazonné, le dactyle pelotonné ne peut être envisagé que comme d'une médiocre utilité.

Dans les conditions contraires, avec un gazon bien serré et bien établi, le dactyle constitue une très bonne graminée.

Si la prairie doit servir au pâturage, le gazon étant bien serré sur un terrain sablonneux, frais, le dactyle pelotonné est une des meilleures graminées qui puissent y croître : les bêtes bovines et les chevaux peuvent la patiner et la tenir rase, au fur et à mesure de la croissance des herbes ; elle repousse sous la dent du bétail qu'elle engraisse vite, depuis le mois d'avril jusqu'à l'entrée de l'hiver où elle fournit alors un fourrage succulent pour les moutons.

Le dactyle fournit un excellent fourrage quoique un peu gros, que les bœufs mangent avec avidité, jusqu'à l'époque de sa maturité ; les chevaux en aiment la pâture avant le durcissement des tiges.

Cette plante rend :

	EN VERT	EN FOIN	MATIÈRES NUTRITIVES PAR 10,000 PARTIES
A la floraison . .	35.122 kilogr.	17.711 kilogr.	390
A la maturité . .	32.783 —	14.141 —	555
Regain sec. . . .	» —	3.446 —	234

L'herbe perd 0,50 de son poids par la fenaison ; 100 parties de foin renferment 0.85 d'azote.

Agrostis stolonifère, Agrestis traçante, traînasse fiorin. Agrestis stolonifera . Souche cespiteuse, tiges nombreuses couchées, rameuses à leur base et poussant des racines à tous les nœuds qui se trouvent en contact avec le sol.

Cette agrestis fournit un des fourrages les plus tardifs, les chevaux et les bœufs la mangent avec avidité tant en vert qu'en sec.

Elle contient beaucoup de matières sucrées et gommeuses qui paraissent s'accumuler en grande partie dans les nœuds des chaumes primaires.

Le foin produit par cette plante est fin et de bonne qualité.

L'Agrestis stolonifère donne 8.958 kilog. de foin par hectare ;

100 parties de foin normal enferment 1,33 d'azote. L'herbe perd par la fenaison 0.55 de son poids.

Le Paturin commun forme la base des meilleurs prairies.

Il donne :

	EN VERT	EN FOIN	MATIÈRES NUTRITIVES POUR 10.000 PARTIES
A la floraison.	de 6.980 kil.	2.091 kilog.	566
	à 8.423 »	2.527 »	
A la maturité.	7.278 »	3.276 »	469
Regain	3.431 »	1.650 »	

Paturin commun. (Pole trivialis). Souche cespiteuse : chaumes de 0,30 à 0,60, glabres, cylindriques, rudes, quelquefois lisses au-dessous de la panicule. feuilles glabres, glanes, pointues, gaine rude. plus longue que le limbe, ligule allongée, aiguë, panicule ferme, à rameaux inférieurs au moins ternes. le plus souvent disposés par 4-7, formant souvent presqu'un angle droit avec l'axe ; quelques rameaux avortent parfois, et se présentent alors sous la forme d'appendices blanchâtres, locustes à 3-5 fleurons laineux à la base; foliole externe à cinq nervures.

Racines traçantes.

Le paturin commun croit dans tous les prés frais et substantiels et un peu abrités ; il donne un fourrage précoce, fin, abondant, recherché des bestiaux, aussi bien en vert qu'en sec, il est de première qualité.

L'herbe perd 0.70 de son poids par la fenaison ; 100 parties de foin normal contiennent 1,60 d'azote.

Ray-Grass anglais, synonymie ivraie vivace, faux seigle commun, gazon anglais : Margal du midi, piu, solie, margan, bonne herbe, ivraie de rat, faucon, fromental d'Angleterre, pimouche, potisse, brome herbe (solium perenne.

Le Ray-grass anglais est une plante à racines fibreuses, vivaces et rampantes produisant des tiges de 3 à 12 décimètres, droites ou peu couchées vers la base, lisses au toucher, ordinairement simples, 2 feuilles étroites, planes, et d'un vert gai. Epi simple, rarement, par monstruosité, allongé, droit ou peu arqué, comprimé et formé par dix ou vingt épillets, verdâtres, plus rarement violacés, dépourvus de barbes, sessiles, et composés de cinq à dix fleurs et quelquefois de trois à cinq.

Dans le Lolium tenue de Lin qui paraît n'être qu'une variété du perenne, glumes oblongues, convexes supérieurement et creusées en gouttière inférieurement, plus courtes que les fleurs ou les égalant.

La graine est brunâtre, aplatie sur une face et arrondie sur la face opposée ; longue de trois millimètres et large d'un millimètre.

La graine vêtue ou recouverte de ses balles est blanchâtre, cylindrique d'un côté, canaliculée du côté opposé, terminée par une pointe.

Le lolium perenne croît spontanément dans les herbages frais.

Un des grands avantages de l'ivraie vivace, c'est qu'elle donne dès la première année un fourrage abondant et précoce, que le bétail mange avec avidité ; il faut donc la faire pâturer de bonne heure, pour l'empêcher de monter en graine.

Fauchée, elle peut donner deux ou trois coupes et fournir encore un bon pâturage. Le piétinement des animaux lui est favorable pour la faire taler.

Le Ray-Grass constitue un foin excellent pour les animaux et très nutritif.

L'ivraie vivace ordinaire, donne :

	EN VERT	EN FOIN	MATIERES NUTRITIVES POUR 10.000 PARTIES
En avril	3.798 kilog.	» »	» »
A la floraison. .	7.278 »	3.090 kilog.	390 kilogr.
A la maturité. .	13.956 »	4.176 »	429 »
Regain.	3.165 »	» »	163 »

100 parties de foin normal renfermant 0,98 d'azote, trèfle blanc, ou trèfle rampant (Trifolium repens). Plante rampante de la famille des légumineuses ou papillonacées : c'est une plante plus petite que le trèfle commun, il pousse en rampant sur la terre et devient très touffu.

Il est vivace et très rustique, résiste au piétinement des animaux et à la sécheresse. Jamais la gelée ne le détruit.

Le foin qui en provient est de parfaite qualité.

Le fourrage vert perd 0,78 de son poids pas le fenaison : 100 parties de foin normal contiennent 1,54 d'azote.

Plantes des terrains argilo-sableux.

Presque toutes les plantes que nous venons de décrire se trouvent aussi sur les sols argilo-sableux, de plus, on remarque encore :

Le Brome doux (Bromus mollis , chaume droit de 4 à 7 décimètres. globe dans le bas, velouté ou velu sous la panicule, feuilles pleines, pointues, assez larges. couvertes, ainsi que les graines,
surtout celles des feuilles inférieures, de poils mous. blanchâtres ;
panicule droite. rameuse ou simple, plus ou moins resserrée,
rameaux plus ou moins nombreux, inégaux, locustes ovales, à
5-11 fleurons. pubescentes. folioles externes fortement nerviée
à la maturité. l'interne sensiblement plus courte que l'externe,
arête presque aussi longue que la foliole, la plus grande pail-
lette a 7-9 nervures.

Le Brome mou est bisannuel. il fleurit rarement l'année du
semis : c'est une plante précoce. mais peu gazonnante, donnant au
foin une qualité très ordinaire. Les bœufs la patinent cependant
bien. Il fournit :

	EN VERT	EN FOIN	MATIERES NUTRITIVES POUR 10.000 PARTIES
A la floraison...	10.138 kilog.	5.064 kilog.	469
A la maturité...	2.532 —	1.590 —	

L'herbe perd 0.58 de son poids par la fenaison ; 100 parties de
foin normal contiennent 0.58 d'azote.

Lotier cornicule, synonymie : Trèfle cornu, lotier d'Allemagne.
lotier des prés, trèfle cornu (Lotus corniculatu).

Plante vivace de la famille des légumineuses. Les tiges sont tres
feuillues, hautes de 0 m. 20 à 0,50. fleurs jaunes, fourrage précoce
assez abondant, recherché par tous les animaux. Le foin est fin et
très nutritif.

TABLEAU DES PLANTES CONTENUES DANS LES HERBAGES SUIVANT LEURS :

NOMS DES PLANTES	RENDEMENT			PERTE PAR LA FENAISON	MATIÈRES NUTRITIVES POUR 10000	AZOTE POUR 100 DE FOIN	OBSERVATIONS
	EN VERT	EN SEC	REGAIN				
Canche flexueuse.	9.178	3.210.5	2.532	»	342	»	
Fétuque ovine.....	10.000	3.500	»	»	9.187	0.49	
Fléole	12.000	»	5.000	»	273	1.02	
Avoine élevée.....	12.500	5.800	»	0.60	»	0.85	
Houlque laineuse.	12.500	5.800	»	0.63	625 à 429	0.63	
Flouve odorante...	5.800	2.250	6.330	0.73	»	0.63	
Dactyle pelotonné.	33.000	15.000	3.445	0.59	450	0.85	
Agrostis stolonifère	»	8.958	»	0.55	»	1.33	
Paturin commun...	7.800	2.800	2.400	0.70	»	1.60	
Ray-grass anglais.	10.000	3.600	»	0.78	325	1.50	
Brome doux......	6.385	3.683	3.165	0.58	469	0.58	

Ces plantes ne sont pas les seules contenues dans les herbages, ce sont seulement celles qui en forment la base. On trouve encore des plantes qui sont mêlées à l'herbe et qui peuvent être un peu nourrissantes ou nuisibles pour les animaux.

Les herbages de l'exploitation étant un peu humides, on trouve les jorus et les carex qui ne peuvent nuire pour la santé des bestiaux, mais qui donnent un foin dur et coupant ; les renoncules sont assez nombreuses, surtout la renoncula airis qui communique au foin un goût âcre que les animaux n'aiment pas.

Le produit au fauchage des herbes d'une prairie produit le foin normal qui est plus ou moins bon suivant les herbes qui le composent.

L'herbe des prairies en se séchant perd les trois quarts de son poids. Ainsi 100 kilog. d'herbe ne donnent que 25 kilog de foin.

Voici à quoi l'on peut reconnaître un bon foin :

La couleur doit être verte, bleuâtre, tendre, s'il est jaune. cela indique qu'il a été fauché trop tard ou qu'il est resté trop longtemps sur la prairie, c'est la couleur du foin passé. s'il est pâle, c'est qu'il vient de prairies ombragées ou qu'il a été coupé par la pluie.

Le foin, en vieillissant, prend aussi une couleur jaune et devient en même temps cassant, friable.

Son odeur est légèrement aromatique. elle lui est surtout communiquée par la floure odorante, et elle est d'autant plus pénétrante que le foin est plus nouveau et qu'il provient de prairies plus élevées.

Il ne faut pas cependant que certaines odeurs aromatiques dominent comme celle de la menthe, de la ciguë, de l'hyèble, de la colchique, etc., cela indiquerait un fourrage médiocre qui répugne aux chevaux.

L'odeur du moisi indique **un fourrage altéré, mal récolté. à rejeter.**

Son goût doit être agréable et légèrement sucré : c'est celui de toutes bonnes graminées ; quelques légumineuses ou labiées ont un goût amer et piquant qui ne répugne pas aux animaux.

Les foins passés et brûlés n'ont plus aucune odeur.

La composition chimique du foin des prairies naturelles. d'après Boussingault. est la suivante :

Eau.	13 4
Matières azotées.	7 20
Amidon, sucre.	14 20
Ligneux celluloses.	24 20
Corps gras.	3 80
Cendres	7 60

Et les 760 de cendres contiennent :

Silice.	2 50
Chaux.	1 55
Soude, potasse.	1 31

Magnésie.	0 46
Acide .phosphorique.	0 40
Soufre, fer, alumine, chlore et charbon.	1 32

D'après les analyses comparatives faites par M. Langlois sur les foins anciens et sur les foins nouveaux, il ressort que 100 parties contiennent :

	Foins anciens.	Foins nouveaux.
Eau.	14,400	14,200
Matières azotées.	7,550	7,140
Matières grasses cireuses.	0,110	0,120
Matières grasses chlorophylles. .	»	»
Principe aromatique.	2,775	2,370
Matière sucrée.	8,225	8,530
Lextrine.	8,500	9,000
Amidon.	16,740	20,720
Substances générales.	6,200	5,622
Fibres ligneuses.	38,500	34,500

D'après cette analyse, le foin nouveau serait donc un peu plus nutritif que le foin ancien.

ENTRETIEN DES HERBAGES

Il ne suffit pas de créer des prairies, il faut encore savoir les conserver et les améliorer par des soins.

La première chose à faire c'est de procurer aux plantes des éléments utiles à leur végétation, et cela se fait par les engrais.

Les prairies étant pâturées à la ferme du Becquet, les animaux restant continuellement sur l'herbage, le fertilisant, en rendant au sol par leurs déjections les plantes qu'il a produites ; mais cela ne suffit pas. on est obligé d'y apporter d'autres engrais. Ceux que l'on y met sont : le fumier décomposé, les composts et le purin.

Le fumier décomposé ou a demi décomposé est amené sur les prairies et épandu. Cette opération se fait au mois de mars.

Les composts sont mis tous les deux ans dans les prairies, ils se

17

composent de fumier, de marne et des boues raclées dans les chemins et dans la cour de ferme. Toutes ces matières sont mises
en tas et on les laisse fermenter ensemble, de temps en temps on
coupe à la bêche les composts et on les mélange. Le purin,
recueilli dans une fosse, sert à arroser une fois par an les herbages au moyen d'un tonneau.

Comme on le voit, avec les engrais on peut entretenir la fertilité des prairies.

Les terres étant fraiches à certains moments de l'année, sont
assainies par des rigoles d'écoulement qui se rendent à la rivière.
Ces mêmes rigoles servent en été à l'irrigation.

Mais ce qui nuit beaucoup aux prairies, ce sont les plantes nuisibles qui prennent la place de l'herbe et souvent sont malsaines pour
les animaux. Celles que l'on rencontre dans les herbages, sont :
les chardons qui, à cause de leurs feuilles épineuses, ne plaisent
pas au bétail.

Leurs graines sont pourvues de petites ailes qui les aident à se
tenir dans l'air et au moindre coup de vent se trouvent disséminées
et envahissent bientôt les prairies.

Pour les détruire, le meilleur moyen est de les arracher avec des
pinces en bois ; on peut aussi les couper avec un échardonnoir.

Les patiences connues dans le pays sous le nom de dogues
produisent beaucoup de graines ; leurs racines étant très pivotantes,
il est difficile de les arracher.

Les mousses sont détruites au moyen de la herse-chaîne et par
les arrosements au purin. Les Renoncules qui abondent souvent
dans certaines parties des herbages et qui ne sont pas mangées
par les bestiaux, sont fauchées dès qu'elles fleurissent.

Dans certaines années les taupes font de grands dégâts dans les
herbages, mais on a soin de les détruire au moyen de pièges en
fer et les taupinières sont étendues au moyen de la herse-chaîne ;
ainsi répandues, les taupinières rechaussent les pieds de l'herbe.

Les fossés qui servent à l'irrigation des prés doivent être curés. Ils se rétrécissent par le dépôt que laisse l'eau, et par la croissance plus vigoureuse de l'herbe sur leurs bords.

La terre enlevée des ruisseaux est aujourd'hui répandue sur la prairie.

On doit réparer les clôtures de temps en temps et tailler les haies.

DE L'IRRIGATION

On entend par irrigation une opération qui consiste à faire couler à volonté sur le pré une certaine quantité d'eau et à le mettre à sec aussi à volonté.

Tout le monde connaît les bons effets des irrigations sur la végétation des herbes des prairies, elles fournissent aux plantes l'eau nécessaire à leur constitution. Cette eau agit sur elles par ses principes constituants, entretient l'évaporation et la transpiration. rend le sol perméable et pénétrable aux racines, dissout les principes contenus dans la terre. que les plantes ne peuvent s'assimiler qu'à l'état de dissolution.

Enfin, elle agit encore par les éléments minéraux qu'elle renferme en cédant au sol les principes fertilisants qu'elle tient en suspension et même en dissolution ; elle apporte encore aux plantes des éléments constitutifs qu'elles ne trouvent plus dans le sol à l'état assimilable ou qui s'y trouvent en quantité suffisante.

Enfin, lorsque les eaux sont troubles, elles concourent au renouvellement et à l'augmentation du sol arable en lui cédant le limon qu'elles tiennent en suspension.

Les eaux ne sont pas toutes également bonnes pour la végétation ; il en est même qui lui sont nuisibles. Il faut donc, lorsque l'on doit irriguer, étudier l'eau qui doit être employée

Cette étude peut se faire au moyen de la végétation et de la nature des herbes qui croissent le long des ruisseaux. Ainsi, lorsque les plantes sont de bonnes espèces, il y a tout lieu de croire que l'eau est de bonne qualité, si le contraire a lieu, si les terrains submergés ne produisent que des joncs, des laîches et autres plantes acides, il est nécessaire de la corriger avant de l'employer.

On peut aussi les analyser par les procédés chimiques en se servant de réactifs.

L'eau de l'Andelle, qui sert à irriguer, est une eau assez bonne : elle prend sa source à Forges-les-Eaux dans du calcaire et traverse un pays assez fertile où elle se charge de principes utiles à la végétation.

Son défaut est d'être un peu ferrugineuse ; mais le fer se trouve détruit par le calcaire, le carbonate de chaux le transforme en sulfate de chaux.

L'eau, comme nous l'avons vu, a une grande action sur les végétaux herbacés, et comme le dit un proverbe : l'eau fait l'herbe.

L'eau agit de plusieurs manières en nourrissant les plantes, en stimulant la végétation comme dissolvant des matières utiles aux plantes, en protégeant et conservant les plantes à certaines époques de l'année.

Ainsi l'hiver, dans les herbages, elle conserve une température constante et dans les chaleurs de l'été, elle entretient la fraîcheur ; elle détruit aussi les animaux nuisibles ainsi que certaines plantes mauvaises.

Le mode d'irrigation employé pour mes prairies est l'irrigation par submersion, parce que les prairies se trouvent peu au-dessus du niveau de l'eau, et que les herbages sont en parties planes. Ce mode consiste à maintenir dans la prairie, pendant un temps plus ou moins long, une nappe d'eau.

Les fossés qui servent à l'irrigation sont placés perpendiculairement à la rivière ou à des canaux alimentés par la rivière. Ils ont 0 m. 10 de profondeur sur 0 m. 20 de largeur. Ils sont espacés les uns des autres de 12 mètres. Leur longueur dans la prairie est de 25 mètres.

A la jonction des fossés d'irrigation et de la rivière se trouvent de petites vannes qui, lorsqu'on les ouvre, laissent passer l'eau de la rivière qui est d'un niveau un peu plus bas que les prairies, mais on la fait monter au moyen de barrage à vannes qui, lorsque celles-ci sont fermées, exhaussent l'eau et la fait déverser dans les herbages.

La quantité d'eau qu'il faut pour irriguer un hectare varie suivant certaines circonstances. Ainsi, les prairies élevées exigent plus d'eau que les prairies basses, de plus, il faut plus d'eau dans les années sèches que dans les années humides.

Dans les arrosages du printemps que dans ceux d'automne.

Enfin, plus un pré a de pente, moins il exige d'eau pour être bien arrosé.

Le climat, la perméabilité du sol, la configuration du terrain, le système d'arrosage, et le nombre des arrosages nécessaires exercent une grande influence dans le volume d'eau qui est nécessaire.

En général, dans les contrées du Nord, on compte qu'il faut de 650 à 700 mètres cubes par semaine dans la vallée d'Andelle, la rivière est assez forte et peut fournir beaucoup d'eau ; mais elle est placée, à cause des fabriques nombreuses qui sont situées sur son cours, sous la surveillance de syndicats, et les agriculteurs ne jouissent de l'eau qu'à un moment donné, c'est-à-dire une fois tous les huit jours, depuis le samedi soir jusqu'au dimanche soir.

Les irrigations sont faites au printemps, à l'été et à l'automne.

En mars, dès que l'herbe commence à pousser, on arrose pour la première fois : on cesse d'arroser dès que l'herbe a pris une certaine hauteur et les animaux sont mis dans la prairie ; quelques jours après que la prairie a été pâturée, on reprend l'irrigation qui doit être plus abondante pour mouiller le sol et le gazon ; puis on cesse d'irriguer pour faire pâturer le bétail.

Lorsque l'herbe a été mangée, on est en automne et on irrigue encore pour faire repousser l'herbe. Cet arrosage d'automne est un des plus importants parce que sous l'action fertilisante de l'eau, du soleil et de la lumière, l'herbe continue de végéter et la prairie se tasse et se serre. C'est pourquoi on dit proverbialement : Le pré s'habille contre l'hiver.

Les herbages de la ferme du Becquet sont entourés de haies en charmilles qui sont hautes et protègent le bétail contre le froid et l'ardeur du solei.. Ils sont aussi entourés avec des poteaux, des fils de fer

Dans chaque herbage se trouve une cabane construite en bois qui sert d'abri aux bestiaux ; elle sert aussi à abriter des fourrages qui sont distribués l'hiver aux bœufs tremblants, lorsque la terre est couverte de neige ou que l'herbe fait défaut.

Les herbages sont plantés d'une ligne de pommiers distants les uns des autres de 8 mètres. Cette ligne simple fait le tour de l'herbage.

Dans chaque herbage existe un abreuvoir qui donne dans la rivière.

BOIS

Les bois de la ferme du Becquet sont assez importants, ils ont une contenance assez grande (100 hectares) qui sont exploités par taillis simples et taillis composés.

. Le sol où sont les bois estargilo-sili ceux et très caillouteux ou calcaire dans la partie nommée larris.

Le taillis est une forêt ou partie de forêt dont le repeuplement ou régénération se fait par jets venant de souche ou par drageons.

Le taillis simple est celui où à l'exploitation on ne laisse aucun sujet, où on fait une coupe à blanc-étoc ; il est encore simple quand on laisse un certain nombre d'arbres en bordures ou à l'intérieur du massif, ces arbres, nommés baliveaux, servent à produire des graines pour le reboisement du bois.

Le taillis composé est celui qui s'établit lorsqu'on a à chaque coupe des arbres bien distancés et de belle venue et qui restent deux, trois, quatre, cinq, six et plus de révolutions; le nom de ces arbres change à chaque coupe. A la première on les appelle baliveaux, à la deuxième révolution, ce sont des modernes; à la troisième des cadets : à la quatrième on les nomme anciens, et enfin vieilles écorces.

Les essences feuillues étant celles qui se reproduisent le mieux non seulement de graines, mais encore de rejets partant des souches et de drageons, doivent être seules employées. Celles qui constituent le bois sont : le chêne, le hêtre, le charme, l'orme, le noisetier et le bouleau.

Les taillis sont exploités avant qu'ils aient cessé de donner un taux rémunérateur dans l'exploitation : c'est-à-dire tous les 35 ans.

Les bois sont divisés en coupes de trois hectares. De cette manière, on fait une coupe tous les ans.

Une éclaircie est faite tous les 15 ans pour enlever les essences qui n'ont pas de valeur et dégager les perches de chênes pour que cette essence domine dans le taillis.

Dans les taillis simples les arbres sont coupés lorsqu'ils gagnent plus et qu'ils ont acquis un assez grand développement pour être vendus comme bois d'œuvre.

Voici en général ce que l'on obtient comme produit de l'exploitation d'un hectare de taillis.

10 stères de bois de perches	à 12 fr.	l'un font	130 fr.
12	—	d'échalas	à 10	—	110
30	—	moule dur	à 8	—	240
30	—	— tendre à	6	—	180
60	—	charbon à	4	—	240
				Total. . .	900 fr.

DES OUVRIERS

ET DES ANIMAUX UTILES A L'EXPLOITATION

Dans toute exploitation, le travail se fait par deux agents : les hommes et les animaux et pour certains genres de travaux on ne peut les remplacer par aucun moyen, quoique la machinerie agricole ait fait de grands progrès.

Comme nous l'avons déjà vu dans mon exploitation, on emploie deux sortes d'ouvriers, les ouvriers à la tâche qui ne viennent qu'à certaines époques et les ouvriers à l'année qui restent continuellement dans la ferme, qui y demeurent ou restent dans le pays. Ce sont ceux-là que le cultivateur doit chercher à s'attacher et à avoir en plus grand nombre.

La ferme a comme personnel un premier charretier faisant les fonctions de chef d'attelage : c'est lui qui remplace, jusqu'à un certain point, le fermier lorsqu'il n'est pas là ; il reçoit de lui les ordres et commande les attelages.

Un deuxième charretier, un bouvier et un aide bouvier qui sont chargés du soin des bœufs, de traire et arranger les 5 vaches.

Trois hommes de cour qui s'occupent des travaux d'intérieur, et pendant les moissons se joignent aux tâcherons pour faire les récoltes.

Une femme s'occupe de faire la nourriture aux ouvriers et porte à manger aux porcs qui ne sont pas nombreux.

De plus, il y a un homme qui s'occupe de l'entretien des prairies ; de nettoyer les fossés d'irrigation, d'épandre les taupinières, de faucher les mauvaises herbes ou de les arracher, de tailler les haies et de tondre les barrages ; il se joint aux hommes de cour et aide le bouvier quand il n'y a rien à faire dans les herbages.

Les animaux sont en assez grand nombre dans l'exploitation, a cause des terres labourables dont l'étendue est assez considérable.

Les travaux des terres sont faits par les chevaux et les bœufs.

Les animaux de race chevaline sont au nombre de douze : ils sont de différentes races : demi-sang anglo-normand, percheronne, et boulonnaise.

Les terres n'étant pas très difficiles à travailler, j'emploie les juments qui servent à faire aussi l'élevage ; le nombre des juments est de dix et deux chevaux hongres qui, lorsque les juments ont leurs poulains, font les travaux.

De cette manière, jamais on ne se laisse prendre par le temps ; on peut continuer ses cultures.

Les bœufs au nombre de huit, font les labours d'hiver et les débardages de betteraves. Ces animaux ne travaillent que de 1 à 2 ans suivant l'état de graisse où ils se trouvent. Après on les envoie à l'herbage où ils sont engraissés et vendus.

Les animaux de vente de la ferme se composent de bœufs engraissés à l'herbage et à l'étable ; ils sont achetés maigres ou en chair et sont revendus gras à différents degrés sur le marche de Rouen.

La porcherie ne renferme que quelques animaux qui sont achetés jeunes, sont engraissés dans la ferme ou on les tue et les sale pour les ouvriers.

DES CAPITAUX

> Le capital d'une part, le travail de l'autre sont indispensables à l'Agriculture comme à toute industrie.
>
> (LOUIS GOSSIN

On ne peut réussir en agriculture, ainsi que dans tout autre genre d'industrie, qu'autant qu'on possède un capital suffisant pour faire largement face à tous les besoins prévus et imprévus.

Le capital malheureusement n'est pas ce qui abonde en agriculture.

Vainement l'exemple des pays les plus avancés démontre-t-il, même en France, que le meilleur moyen de diminuer les prix de revient, c'est, à l'aide du capital, de mettre la terre en mesure de porter de grosses récoltes et de varier ces produits. En effet, l'agriculture par le capital est l'exception, et l'agriculture par le travail, c'est-à-dire aux petites récoltes, est la règle générale.

Au lieu de concentrer nos forces productives sur des terres saturées d'engrais, nous les éparpillons sur des terres que leur peu de fertilité expose à tous les écarts de température.

Nous embrassons plus que nous ne pouvons étreindre.

Pourtant, on ne peut réussir à rien sans ce capital, et on trouve dans le capital consacré à une entreprise agricole une des conditions les plus importantes du succès que l'on peut atteindre.

L'étendue des terres d'une exploitation doit donc être en rapport avec la somme de capital dont le cultivateur peut disposer. S'il est hors de proportion avec la quantité des terres, il en résultera une culture incomplète, et les pertes qui se présenteront sur une partie insuffisamment exploitée, dépasseront peut-être les bénéfices de la partie bien cultivée.

Il vaut donc mieux consacrer ses travaux et son capital à la mise en valeur d'une étendue de terres plus restreinte que de les disséminer sur une surface que l'insuffisance du capital ne permet pas d'exploiter convenablement. Un fermier qui cultive un domaine au-dessus de ses forces, rencontre la ruine au bout de ses efforts, ou il verra du moins se reculer à un terme bien éloigné les bénéfices qu'il pouvait attendre du capital employé, tandis qu'il aurait pu recueillir des profits raisonnables sur une ferme proportionnée à ses moyens.

L'agriculture n'est donc productive que lorsqu'on lui consacre les capitaux nécessaires.

Nous définirons le capital en disant que c'est l'ensemble des valeurs échangeables des richesses naturelles ou artificielles mises au service des besoins de l'homme.

Les agents de production du capital sont : l'homme, la terre, le travail et les instruments.

Les capitaux exigés par la culture des terres doivent être divisés en deux classes principales, savoir :

1° Le capital mobilier;

2° Le capital immobilier.

En agriculture, le capital mobilier d'exploitation, ou capital cheptel, est l'ensemble de toutes les valeurs que possède le cultivateur pour faire valoir un fonds, c'est le capital employé.

Le capital mobilier se subdivise en deux catégories, savoir :

1° Le capital vivant ;

2° Le capital mort.

Le capital vivant est représenté pas l'intelligence de l'exploitant, son savoir, son habileté, et l'expérience nécessaire pour bien diriger et organiser son entreprise agricole : ce sont ces diverses choses qui constitueront le capital le plus important et sans lui les autres ne seraient pas productifs.

En effet, plus cette intelligence est grande et plus elle a de ressources a sa disposition, plus l'impulsion donnée a toute la machine sera vigoureuse.

Le mobilier vivant est représenté par les animaux de travail et de vente qui varient suivant les systemes de culture.

Le capital mort comprend :

1° Le capital, machine ou matériel agricole qui est représenté par l'outillage à l'usage de l'exploitation. Il ne faut pas que ce capital soit trop élevé parce qu'il s'use, se détériore et perd toujours de sa valeur jusqu'au moment où il doit être remplacé.

2° Le capital circulant qui est le fonds nécessaire à l'entretien des objets mobiliers et immobiliers, aux améliorations foncières, aux achats de semences, de matières premières, au salaire des ouvriers, aux dépenses du ménage, aux dépenses imprévues et au fonds de réserves.

Le capital circulant est celui qui est produit lorsqu'on vend les denrées ; il se transforme en capital-monnaie qui comprend les espèces métalliques, le papier-monnaie ayant cours ; les valeurs dites mobilières, soit les valeurs d'Etat, soit les actions et les obligations des villes et des sociétés financières, industrielles, commerciales, etc. ;

On les subdivise en :

Capital de roulement ;

Capital de réserve.

Le capital de roulement sert à payer les agents de la culture, l'entretien du mobilier et des bâtiments, les assurances et les prestations, les frais généraux et le fermage ; il permet aussi d'acheter des engrais naturels ou commerciaux : c'est le capital qui rentre par la vente.

Le capital de réserve ou capital disponible est la somme qu'on possède en dehors du capital d'exploitation et qui sert à l'exploitant pour faire face à toute éventualité sans avoir recours au crédit.

Il sert aussi à faire des spéculations dans certains cas ; ainsi une année où le bétail est bon marché, si le cultivateur a des fermages, il pourra acheter et revendre après, avec bénéfices.

Le capital n'est pas indispensable ; mais l'agriculteur qui le possède n'est pas à la merci des marchés ; il peut garder ses autres capitaux et ne pas être forcé, dans certains cas, de négocier des matières changeables.

Le capital de réserve doit s'élever au cinquième du capital d'exploitation.

Dans les temps que nous parcourons, il est nécessaire que le fermier ait un capital d'exploitation assez fort ; mais on ne peut donner de règle certaine pour le capital strictement nécessaire parce qu'il varie suivant une foule de circonstances, telles que : l'étendue du domaine, la location des terres, le nombre de bétail, le prix de la main d'œuvre, rareté ou son abondance, les spéculation auxquelles on se livre, les plantes qu'on peut cultiver, la nature du sol, sa richesse, le système de culture, l'abondance des fumiers.

L'étendue du domaine a une grande influence, et on peut dire que, plus l'étendue est grande, moins il faudra de capitaux.

Mathieu de Dombasle estime qu'il faut 250 francs par hectare pour un domaine de 200 hectares ; mais plus tard, il estimait qu'il faudrait 300 francs par 200 hectares et 400 francs pour 100 hectares.

Biefeld, fondateur et directeur de Grand-Jouan, donnait 300 francs par hectare ; Delpierre, cultivateur breton, 500 francs ; lui estime qu'il faut pour la culture intensive 540 francs.

M. de Gasparin évalue le capital nécessaire dans la terre à assolement intercalaire avec prédominance de fermage, consomme dans la ferme 614 francs et 310 francs pour la conversion de bonnes terres en prairies.

Les cultures industrielles demandent beaucoup plus d'argent et dans le Nord on ne compte pas moins de 500 à 700 francs.

Le capital immobilier ou foncier, c'est celui qui ne peut se déplacer : il est représenté par la terre et les valeurs qui s'y trouvent plus ou moins attachées ; c'est celui qui intéresse l'agriculteur qui exploite des terres qui lui appartiennent.

La terre est, après l'intelligence et le savoir de l'exploitant, la première richesse d'une nation. Le capital foncier donne un service productif, c'est-à-dire l'utilité qu'il produit à celui qui exploite la terre ; mais il dépend de diverses circonstances, telles que : de la qualité de la terre, de la bonté des spéculations auxquelles on l'applique, des conditions économiques de la main-d'œuvre, du climat, des débouchés, de l'habileté de l'homme qui fait valoir, du capital dont il dispose.

Comme nous l'avons déjà dit, le capital foncier n'intéresse que le propriétaire qui exploite ses terres. L'intérêt annuel de ce capital est représenté par les bénéfices réalisés chaque année. Ainsi, un propriétaire qui obtiendrait annuellement un bénéfice net de 8.000 francs sur une ferme de 100 hectares qu'il aurait achetée 150.000 francs et sur laquelle il emploierait un capital d'exploitation de 40.000, soit 400 francs par hectare, devrait déduire l'intérêt de ce capital, s'il voulait connaître exactement quel est l'intérêt réel du capital foncier.

Ainsi, en défalquant des 8.000 francs le chiffre de 2.000 francs représentant l'intérêt à 5 0/0 du capital exigé pour l'exploitation, le reste sera 6.000 francs. On obtiendra, de cette manière, un intérêt de 4 0/0 de la valeur vénale de la propriété.

La ferme m'appartenant et l'exploitant à mon compte, il faudra que je retrouve ce bénéfice.

Le capital que j'engage est assez fort parce que la main-d'œuvre est assez chère : les terres ne sont pourtant pas difficiles à travailler, et beaucoup sont en herbages qui demandent une moins grande somme d'argent. Je consacre aux terres 515 francs par hectare.

Pour se rendre compte de l'argent déboursé à l'entrée en ferme, on doit faire un inventaire général : c'est une opération très importante en agriculture, parce qu'il s'agit de fixer judicieusement le prix de toutes les valeurs dont l'inventaire se compose, après mures réflexions, et en raison de la marche qu'on a suivie dans l'année : mais toujours de manière à ne favoriser ni appauvrir l'année qui finit aux dépens ou à l'avantage de l'année qui commence.

L'époque de l'inventaire varie suivant les besoins du cultivateur et les usages du pays. Plusieurs agronomes ont fixé des dates :

Thaër conseille le 1er juin, Mathieu de Dombasle, le 1er juillet le baron Brun le 15 février; d'autres, le 1er octobre : d'autres enfin préfèrent la fin de décembre. C'est à cette époque, la meilleure parce que le cultivateur a plus de temps, les travaux pressant moins, que les récoltes sontemmagasinées ou vendues en partie ; on peut estimer plus facilement ce qui reste.

Dans l'inventaire on devra estimer les objets à leur valeur, et si l'on peut même se faire aider par quelqu'un qui estime avec vous.

L'inventaire comprend deux parties :

La première est l'actif qui comprend tout ce que le cultivateur possède, tels que : l'argent en caisse, le mobilier d'exploitation, les denrées en magasin, les avances au sol :

La seconde est le passif qui se compose de tout ce que doit l'exploitation.

Je diviserai mon inventaire en plusieurs chapitres pour le rendre plus clair.

INVENTAIRE

D'ENTRÉE DE LA FERME DU BECQUET EXPLOITÉE PAR M. F. DE GONFREVILLE

Arrêté le 31 décembre 1884.

Bois	100 hectares.
Prairies naturelles	53 —
Terres labourables	125 —
Contenance	278 hectares.

ACTIF.
Évaluation du domaine.

Nombre d'objets.	Désignation.	Estimation.	Total.
100 hectares	de bois à 2.300 fr. font	230.000 "	
52 —	de prairies à 5.000 fr.	260.000 "	
125 —	de terres labourab. à 1.500 fr.	187.500 "	
	Bâtiments de ferme	75.000 "	742.500 "

CHAPITRE 1er.

MOBILIER DE MÉNAGE.

Nombre. d'objets.	Désignation.	Estimation.	Total.
	Literie, vaisselle, batterie de cuisine, lampes, tables, chaises. Tout ce qui est dans la maison du maître. Nous estimons le tout en bloc à. .	5.200 »	5.200 »

ARTICLE II.
Mobilier appartement des domestiques.

1 Fourneau.		70 »	
2 Tables.		25 »	
4 Bancs.		15 »	
1 Hache à pains.		20 »	
2 Armoires.		50 »	
3 Lampes.		15 »	195 »

ARTICLE III.
Buanderie.

1 Fourneau et chaudière pour lessive. .		100 »	
2 Cuviers et baquets.		30 »	
2 Coffrets, battoirs.		25 »	
Cordes et épingles à linge.		20 »	
2 Seaux.		6 »	184 »

ARTICLE IV.
Fournil.

1 Pétrin à pain.		30 »	
3 Pelles à pain.		5 »	
15 Paniers.		10 »	
Planches.		5 »	50 »

ARTICLE V.
Mobilier de l'écurie.

12 Harnais complets.		600 »	
12 Licols.		24 »	
6 Couvertures en laine.		30 »	
1 Selle complète.		30 »	
2 Lits complets.		90 »	
3 Bridons.		9 »	
1 Coffre à avoine.		12 »	
2 Baquets.		4 »	
2 Lanternes.		4 »	

Nombre. d'objets.	Désignation.	Estimation.	Total.
2	Fourches en fer, balai.	5 »	
1	Seau en bois.	2 »	
1	Vannette, étrille, brosse, époussette, éponge.	5 »	
1	Harnais pour cheval de maître. . . .	200 »	
1	Brouette.	18 »	1.093 »

ARTICLE VI.

Mobilier de la bouverie et de la vacherie.

50	Chaînes d'attache à 1 fr. 45.	72 50	
8	Longes avec courroies et accessoires.	24 »	
2	Lits complets.	90 »	
2	Lanternes.	4 »	
3	Pelles, fourches, balais.	12 »	
»	Instruments	3 »	
2	Seaux en bois.	4 »	
4	Boucles à veaux.	2 »	
1	Hache-paille.	35 »	
1	Coupe-racines.	65 »	311 50

ARTICLE VII.

Mobilier de la laiterie.

1	Baratte à main.	35 »	
2	Seaux à lait.	4 »	
»	Pots, cuillers, écumeuses, litres. .	20 »	59 »

ARTICLE VIII.

Mobilier de la porcherie.

1	Fourneau de chaudière pour la cuisson des aliments.	60 »	
5	Auges à porcs en bois.	14 »	
1	Pelle, fourche, balai.	4 »	
1	Brouette.	18 »	
2	Seaux en bois.	4 »	
1	Lanterne.	2 »	
1	Coffre à farine.	12 »	
4	Saloirs et un chouquet.	20 »	

ARTICLE IX.

Mobilier de la basse-cour.

20	Paniers à poudre.	6 »	
1	Boîte pour conserver les œufs. . . .	5 »	

Nombre. d'objets.	Désignation.	Estimation.	Total.
15 Paniers.		5 »	
» Perchoirs.		5 »	
1 Épinette pour l'engraissement . . .		12 »	
1 Coffre à nourriture.		4 »	
3 Râteliers à lapins et auges à lapins.		5 »	42 »

ARTICLE X.
Mobilier roulant d'intérieur.

3 Brabants.		250 »	
2 Herses en bois.		40 »	
2 Herses en fer.		100 »	
1 Extirpateur.		75 »	
1 Rouleau en fonte.		100 »	
1 Rouleau en bois.		50 »	
1 Houe à cheval (Bajac		120 »	
1 Buttoir à pomme de terre.		30 »	
1 Râteau à cheval.		200 »	
2 Charrettes.		600 »	
3 Tombereaux.		600 »	
2 Faucheuses persévérantes.		450 »	
1 Semoir (Smith).		2.550 »	2 550 »
2 Traineaux pour charrues et herses. .		40 »	40 »
1 Voiture légère pour le marché. . . .		200 »	200 »
2 Voitures à bras.		120 »	120 »
1 Tonneau à purin système (Legrand'.		500 »	500 »
Palonniers.		10 »	10 »
		Total. . . 5.585 »	

ARTICLE XI.
Outils d'intérieur de ferme.

2 Brouettes à 18 francs l'une.		36 »	
Pioches, pelles, bêches.		40 »	
Binettes, faux, fourches.		38 »	
Râteaux, faucilles, échelles, cordes, clefs et autres objets.		25 »	
Haches, scies, meule à aiguiser. Bascule à.		640 »	779 »

ARTICLE XII.
Mobilier des granges et greniers.

Machine à battre avec manège (système Albaret\.		1.300 »	

Nombre. d'objets.	Désignation.	Estimation.	Total.
	Fléaux, Babris, pelles.	30 »	
	Mesures.	20 »	
1	Tarare.	40 »	
1	Trieux (Pernolet).	150 »	
1	Bascule avec poids.	55 »	
30	Sacs..	18 »	1.613 »

ARTICLE XIII.

Mobilier des caves et du pressoir.

5	Cuves à 300 francs l'une.	1.500 »	
15	Barriques à 7 francs l'une.	105 »	
1	Concasseur de pommes.	100 »	
1	Pressoir système (Hazard).	100 »	
	Bouteilles, forets, seaux.	60 »	1.865 »

ARTICLE XIV.

Mobilier du Jardin.

	Pelles, pioches, bêches.	50 »	
	Fourches, râteaux.		
1	Brouette	18 »	
20	Cloches en verre à 0 fr. 50.	10 »	
	Châssis, coffres.	15 »	
300	Pots à fleurs, terrines vernies.	15 »	
	Arrosoirs, secateurs et autres instruments divers.	42 »	
	Mettons pour les choses que nous n'avons pas estimées.	50 »	200 »

Résumé de mobilier mort.

ARTICLES		Estimation.	Total.
I, II, III, IV,	Mobilier de ménage.	5.626 »	
—	V de l'écurie.	1.093 »	
—	VI de la bouverie et vacherie..	311 »	
—	VII de la Laiterie.	59 »	
—	VIII de la Porcherie. . . .	134 »	
—	IX de la Basse-Cour. . . .	42 »	
—	X Roulant d'intérieur. . .	5.585 »	
—	XI des Fermes, des Granges	779 »	
—	XII Greniers	1.613 »	
—	XIII Cuves, Pressoir. . . .	1.865 »	
—	XIV Jardin.	150 »	
—	XV Divers.	50 »	
	Total de mobilier mort. .		17.307 »

Nombre. d'objets.	Désignation.	Estimation.	Total.

Mobilier vivant ou animaux.

CHAPITRE II.

ARTICLE 1ᵉʳ

1 Esmeralda, jument 1/2 de sang, 7 ans. pleine — de Grant. . . .		1.200 »	
2 Betty, jument 1/2 de sang, 5 ans pleine — de Grant.		1.250 »	
3 Odette, jument 8 ans, pleine de Uneque.		1.000 »	
4 Castellane, jument percheronne, 10 ans.		700 »	
5 Almée — — 12 ans.		600 »	
6 Bascude — 1/2 sang, 14 ans.		450 »	
7 Capricieuse — boulonnaise, 16 ans. pleine de Robroy.		350 »	
8 Franchette, percheronne 9 ans, pleine de Robroy		650 »	
9 Rose fleurie — 1/2 sang, 15 ans, pleine de Régulier		300 »	
10 Ophelia, percheronne, 6 ans		1.000 »	
11 Dominico, percheron hongre, 13 ans . .		350 »	
12 Max boulonnais, hongre hors d'âge..		200 »	
1 Poulain 1/2 sang, 2 ans.		800 »	
2 Pouliches 1/2 sang 1 an.		800 »	9.650 »

ARTICLE II.

Bouverie et Vacherie.

10 Bœufs de travail à 500 fr.		5.000 »	
25 Bœufs d'engrais à 600.		15.000 »	
5 Vaches normandes à 450.		2.250 »	22.250 »

ARTICLE III.

Porcherie.

5 Porcs à l'engrais à 170 fr.		850 »	850 »

ARTICLE IV.

Basse-Cour.

150 Poules, coqs à 1 fr. 75.		262 50	
15 Canards de Rouen à 2 fr.		30 »	
6 Oies de Toulouse à 6 fr		36 »	
50 Pigeons à 0 fr. 75.		37 50	
50 Lapins à 1 fr. 50.		75 »	
2 Chiens de garde et à bestiaux.		50 »	491 »

Nombre. d'objets.	Désignation.	Estimation.	Total.
	Résumé du mobilier vivant.		
	ARTICLE Ier Écurie.	9.650 »	
	— II Bouverie et Vacherie. . . .	22.250 »	
	— III Porcherie.	850 »	
	— IV Basse-cour	491 »	33.241 »
	Total du mobilier vivant.		33.241 »

CHAPITRE III.

ARTICLE Ier

Provisions de Ménage.

25	hectolitres blé à 20 fr. l'un	500 »	
30	— de pommes de terre à 4 fr.	120 »	
30	kilogrammes de farines à 0 fr. 50. . .	15 »	
3	hectolitres de haricots, à 35 fr.	105 »	
50	kilogrammes de lard à 1 fr. 10	55 »	
1	barrique de vin de 228 lit. à 0 fr. 50.	114 »	
200	bouteilles de vin.	250 »	
3	pièces de cidre de 300 litres à 0 fr. 15.	45 »	1.204 »
18	litres de vinaigre à 0 fr. 30 l'un . . .	5 40	
25	litres d'huile à 1 fr. 30 l'un.	33 75	
	Huile à brûler, sucre, sel, poivre, fruit et graisse	25 »	
32	Stères de bois à 20 francs le stère . .	740 »	704 15

ARTICLE II.

Denrées en magasin.

22	hectolitres de blé à 20 fr. l'un	440 »	
25	— d'avoine à 8 fr. 25.	206 25	
12	— d'orge à 13 fr.	156 »	
5	— de seigle à 17 fr.	85 »	
	Divers.	20 »	907 25

ARTICLE III.

Racines.

50	hectolitres de pommes de terre à 4. .	200 »	
25.000	kilogrammes de fourrage à 15 fr. les 1000 kilog. . , ...	375 »	
15.000	kilogrammes de carottes à.	300 »	765 »

ARTICLE IV.

Fourrage.

25.000	kilog. de foin naturel à 55 fr. les 1000 k.	1.375 »	
30.000	kil. de foin artificiel à 62 fr. 50	1.875 »	3.250 »

Nombre d'objets.	Désignation.	Estimation.	Total.

ARTICLE V.

Paille.

40.000 kilog. de paille de blé, avoine et d'orge à 20 fr. les 1000 kil.		800 »	
La paille de seigle sert à faire les liens, je l'estime à		110 »	910 »

ARTICLE VI.

Son. Recoupe . . . .   600 »   600 »

ARTICLE VII.

Pour couvertures diverses des animaux.

Tourteaux . . . .   550 »

Résumé des provisions de ménage

ARTICLE I. Provisions de ménage . . .	1.908 »	
— II. Denrées en magasins. . . .	907 25	
— III. Racines	865 »	
— IV. Fourrages.	3.250 »	
— V. Pailles.	910 »	
— VI. Son, recoupe.	600 »	
— VI. Tourteaux, couvertures etc.	550 »	

CHAPITRE IV.

Emblavures.

Hectares de blé d'automne.

1 Labour à 22 fr. par hectare.	22 »	
2 Hersages à 2 fr. 60.	5 2	
1 Roulage à 2 fr.	2 »	
2 Hectolitres de semence à 25 fr. l'hectolitre.	50 »	
Frais d'ensemencement.	2 »	
Valeur du fumier à 10 fr. les 1.000 kilog. pour 50.000 hectares de seigle. . .	500 »	
1 Labour à 22 fr. par hectare.	22 »	
2 Hersages à 2 fr. 60.	5 20	
1 Roulage.	2 »	
Valeur du fumier à 10 fr. les 1.000 kil. pour 10.000 kilog. épandage et transport.	100 »	
2 Hectolitres à 20 fr. l'hectolitre.	40 »	

Nombre d'objets.	Désignation.	Estimation.	Total.
	Frais d'ensemencement.	2 »	
5	Hectares d'orge.		
1	Labour.	22 »	
2	Hersages à 2 fr. 60.	5 20	
	15.000 kilog. de fumier à 10 fr. les 1.000 kilog.	150 »	
10	Hectares d'avoine.		
1	Labour à 22 fr. l'hectare.	22 »	
2	Hersages à 2 fr. 60	5 20	
1	Roulage à 2 fr.	2 »	
	10.000 kilog. de fumier à 10 fr. les 1.000 kilog.	100 »	
	Hectares de betteraves.		
2	Labours d'hiver à 22 fr. l'un.	44 »	
2	Hersages à 2 fr. 60.	5 20	
1	Roulage à 2 fr.	2 »	
	40.000 kilog. de fumier à 10 fr. les 1.000 kilog.	400 »	
25	Hectares de prairies artificielles de 2 ans.		
5	Hectares de trèfle incarnat.		
1	Labour superficiel, 18 fr.	18 »	
1	Hersage, 2 fr. 60.	2 60	
	Semence, 20 kilog. à 0 fr. 80.	16 »	
1	Hersage pour recouvrir et frais de semence.	4 60	
48	Hectares de jachères travaillées, le fermier n'ayant pas eu assez d'engrais et vendant ses bestiaux, labours, hersages.	22 60	
4	Hectares labourés et fumés.	120 20	1.603 »

CHAPITRE V.

ENGRAIS.

	J'estime les engrais conformes à mon entrée. 70 mètres cubes à 3 fr.. à 5 fr.	350 »	350 »

CHAPITRE VI.

CAISSE.

	En caisse.	35.227 40	35.227 40

Résumé de l'actif.

CHAPITRE I. — Mobilier mort. . . .	17.307 »	
— II. — Mobilier vivant. . .	23.241 »	

Nombre d'objets.	Désignation.	Estimation.	Total.
	CHAPITRE III.—Denrées en magasin.	9.000 25	
—	IV. — Emblavures.	17.703 »	
—	V. — Engrais.	350 »	
—	VI. — En caisse.	35.227 40	96.828 60

Passif.

CHAPITRE Ier.

C R É D I T E U R S.

ARTICLE 1er.

Mobilier de ferme

Achat de meubles : pour le fermier, les ouvriers, des ustensiles de buanderie, de fournil.		10.000 »	10.000 »

ARTICLE II.

Bouverie et vacherie.

Achat de 5 vaches à 450 fr.	2.250 »	
35 Bœufs à 350 fr.	12.250 »	14.500 »

ARTICLE III.

Mobilier de bouverie et de vacherie.
— Le tout estimé en bloc et l'aménagement du local. . . . . — 350 » — 350 »

ARTICLE IV.

Mobilier d'écurie et frais d'aménagement. . . . . — 1.093 » — 1.093 »

ARTICLE V.

Porcherie. — Organisation du bâtiment et achat de 5 porcs. . . . . . — 1.200 » — 1.200 »

ARTICLE VI.

Basse-cour. — Achat d'animaux et de matériel. . . . . — 550 » — 550 »

ARTICLE VII.

Achat d'instruments neufs et ayant servi aux cultivateurs sortant, comprenant ceux de culture d'intérieur de ferme et du jardin. . . . — 7.000 » — 7.000 »

Nombre d'objets.	Désignation.	Estimation.	Total.
	ARTICLE VIII. — Mobilier de laiterie.	59 »	59 »
	ARTICLE IX. — Mobilier des caves et du pressoir, ainsi que d'une barrique de 300 litres de cidre et la récolte des pommes.	3.000 »	3.000 »
	ARTICLE X.— Réparations à faire exécuter par le maçon et le charpentier.	1.000 »	1.000 »

ARTICLE XI.

Impôts.

	Impôt mobilier, foncier, des portes et fenêtres.	2.000 »	2.000 »

ARTICLE XII.
Primes d'assurances.

	Assurances contre l'incendie et pour les bestiaux.	325 »	325 »

ARTICLE XIII.

Vétérinaires, ferrures.

	Frais de vétérinaire, ferrures.	75 »	75 »

RÉCAPITULATION DES CRÉDITS.

ARTICLE I. — Mobilier de ferme. . .	10.000 »	
— II. — Bouverie et vacherie.	21.500 »	
— III. — Mobilier de vacherie.	350 »	
— IV. — Mobilier d'écurie. .	1.000 »	
— V. — Porcherie et achat d'animaux.	1.200 »	
— VI. — Basse-cour.	550 »	
— VII.— Achat d'instruments.	7.000 »	
— VIII. — Mobilier de laiterie.	59 »	
— IX.— Mobilier des caves et du pressoir.	3.000 »	
— X. — Réparations à faire exécuter par le maçon, et le charpentier.	1.000 »	
— XI. — Impôts.	2.000 »	
— XII. — Primes d'assurance.	325 »	
— XIII.— Vétérinaire et ferrures.	75 »	
Total.		48.152 »

SYSTÈME DE CULTURE ADOPTÉ

Il en est du champ comme de l'homme :
quand il gagnerait beaucoup, s'il dépense
trop, il ne reste rien.

CATON.

Si le cultivateur pouvait savoir exactement ce qu'il enlève à la terre par les récoltes, ce qu'elle contient comme fertilité et ce qu'on lui rend, il serait facile de calculer par des chiffres le système de culture qu'on devrait adopter : mais il n'en est rien, beaucoup de circonstances influent sur cet assolement.

Il faut donc bien étudier les diverses circonstances dans lesquelles on se trouvera. On ne doit pas rejeter sans examiner les systèmes de culture suivis avant ; et, comme le dit Mathieu de Dombasle, pour faire mieux que les simples cultivateurs, il faut souvent faire comme eux, il ne faut pas non plus s'engouer de tel ou tel système que l'on aura vu réussir ou que l'on aura lu dans les livres ; il faut approprier son système de culture à son exploitation et à divers besoins que l'on aura.

Comme nous l'avons vu dans le chapitre des assolements, il y a plusieurs règles à suivre qui agissent et semblent régler les assolements.

Ainsi le climat qui est plus ou moins favorable à telle ou telle culture. L'homme n'a guère de moyens pour s'opposer aux effets atmosphériques. Toutefois, il n'est pas absolument désarmé en face des éléments, et il peut prévenir les accidents jusqu'à un certain point, en choisissant les plantes. La nature du sol, la fertilité de la couche arable, la configuration du domaine, ainsi que son étendue, les bâtiments d'exploitation plus ou moins vastes.

La ferme du Becquet a une contenance de 126 hectares de terre en cultures qui sont exploitées au moyen de l'assolement de quatre ans.

Ce système de culture sera changé et j'adopterai celui de sept ans suivant :

1re année, cultures sarclées ;

2e année, céréales d'automne ;

3e année, céréales de printemps avec prairie artificielle ;

4e, 5e et 6e année, prairie artificielle ;

7e année, céréales de printemps.

Mais les 125 hectares ne seront pas cultivés, 45 hectares seront enlevés pour être mis en herbages ; il restera donc 80 hectares de terres labourables qui seront divisés en 7 soles de 11 hectares 43 ares chacune, occupées par les plantes suivantes :

1re année, Plantes sarclées.	Betteraves.	7 hectares	»
	Pommes de terre.	2	1/2
	Carottes.	2	»
2e année.	Blé d'automne.	9	»
	Seigle.	2	1/2
3e année.	Avoine.	9	»
	Orge.	2	1/2
4e année.	Prairies artificielles.	11	1/2
5e —	—	11	1/2
6e —	—	1	1/2
7e —	Avoine.	4	1/2
	Blé.	7	»

Les plantes se succédant ainsi me paraissent être mises dans un bon ordre et dans de bonnes conditions pour réussir, la terre recevant une plante sarclée la première année, reçoit des travaux d'ameublissement et de nettoyage utiles aux plantes qui lui succèdent. Le fumier mis dans le sol n'est pas absorbé par les plantes sarclées, et la céréale venant après trouve dans le sol l'engrais qui lui est nécessaire.

Les betteraves et les carottes mises dans la première sole servent à nourrir mes bœufs qui sont engraissés à l'étable, les pommes de terre sont pour la nourriture des ouvriers de la ferme et celle des porcs que l'on engraisse.

Les prairies artificielles me permettent de nourrir amplement mes animaux et améliorent les terres : elles seront composées de luzerne, de trèfle et de sainfoin.

L'avoine qui vient à la fin de la rotation après la prairie artificielle se trouvera dans de très bonnes conditions : en effet, les plantes de la famille des légumineuses tirent de l'air une quantité d'azote qui est rendue au sol lorsqu'on l'enfouit.

Chaque année on aura donc a faire les récoltes suivantes :

RACINES ET TUBERCULES FOURRAGÈRES

1re sole	Betteraves.	7	"
	Carottes.	2	1/2
	Pommes de terre.	2	"
	Total.	11 hectares 1/2	

ÉRÉALES

2e sole.	Blé.	9 hectares. "	
	Seigle.	2	1 2
3e sole.	Avoine.	9	"
	Orge.	2	1/2
4e sole	Avoine.	1	1/2
	Blé.	7	"
	Total.	34 hectares 1/2	

PLANTES FOURRAGÈRES

4e sole.	Prairies artificielles.	11 hectares 1/2	
5e —	—	11	1/2
6e —	—	11	1/2
	Total.	34 hectares 1/2	

Nous pouvons ajouter 53 hectares d'herbages qui servent à entretenir le bétail, plus 45 hectares qui vont être transformés en herbages. Nous constatons que le bétail nourri sur la ferme est assez considérable.

CRÉATION D'HERBAGES

« Si tu veux du blé, fais des prés.
« Un pré nourrit le bétail. le bétail
« donne du fumier. le fumier du grain
« et le grain de l'argent.

JACQUES BUJAULT.

Je crois qu'il est nécessaire, avant de passer aux ressources que cet assolement me donnera, de parler de la création d'herbages.

L'étendue que je retire de la culture pour la mettre en prairie est assez considérable, puisqu'elle est de 16 hectares. Les circonstances qui me font enlever ces terres au système céréale est que je veux restreindre la culture pour avoir des herbages où j'engraisserai et élèverai des animaux. La cherté et la rareté de la main-d'œuvre m'y forcent ; de plus, à certaines époques de l'année, l'Andelle déborde et recouvre la terre d'eau, ce qui est une excellente chose pour les herbages. mais qui ne vaut rien pour la culture. puisqu'elle retarde les labours et fait pourrir, en ajournant trop longtemps, les blés qui lèvent.

Les terres où les herbages vont être créés sont de nature argilo-siliceuse, la couche arable est profonde ; elles peuvent être irriguées, autant de circonstances favorables pour la création de prairies.

Examinons maintenant la manière que j'emploierai pour former les herbages.

Avant de s'occuper de la préparation du sol qui est destiné à être converti en prairie naturelle, il faut examiner si le terrain n'est pas infesté de mauvaises herbes. Les plantes indigènes annuelles bisannuelles qui croissent dans les terres labourables, sont très nuisibles aux prairies, mais en général, ces plantes préoccupent moins l'agriculteur que les plantes vivaces à racines bulbeuses ou traçantes, surtout comme le chiendent, l'avoine bulbeuse ; si les terrains en sont infestés, il faut, ou les jachérer ou cultiver des plantes nettoyantes ; celles que je viens de transformer étaient cultivées en blé, avoine, trèfle rouge, orge et pommes de terre : elles ne sont pas trop salées.

La seconde chose à faire, surtout pour ces prairies qui sont irriguées, c'est de donner de la pente pour que l'eau ne reste pas stagnante sur la terre.

Les travaux à donner au sol sont d'un labour avant l'hiver, ce labour doit être profond. Pour bien défoncer la terre, il doit avoir 0 m. 40; on le donne au moyen du brabant qui est employé dans la ferme comme instrument aratoire. La terre retournée grossièrement reçoit tout l'hiver l'influence bienfaisante des agents atmophériques.

Elle se délite par la gelée et les pluies ; la terre reçoit après une fumure de 30.000 kilog. que l'on enfouit par un deuxième labour, que l'on fait suivre de deux hersages : il ne reste plus maintenant qu'à semer et à creuser des rigoles d'irrigation.

Pour obtenir de l'irrigation tous les bons résultats qu'elle peut produire, il faut être complètement maître de l'eau, il faut pouvoir, à volonté, la mettre sur les prés, l'en ôter, l'y faire couler en plus ou moins grande quantité. Malheureusement dans les herbages que je crée je ne possède pas entièrement les deux rives, il y a une partie ou je ne borde que d'un côté, de plus, les industries sont syndiquées pour les eaux et on ne peut les prendre comme l'on veut.

Pour les terrains qui ne sont pas traversés par la rivière et qui sont plus hauts que son niveau, je pourrai les irriguer en me servant de la loi relative aux servitudes d'appui du 11 juillet 1847, qui est ainsi conçue.

ARTICLE 1er

« Tout propriétaire qui voudra se servir pour l'irrigation de ces propriétés des eaux naturelles ou artificielles dont il a besoin de disposer, pourra obtenir la faculté d'appuyer sur la propriété du riverain opposé les ouvrages d'art nécessaires à la prise d'eau, a la charge d'une juste et préalable indemnité.

« Sont exceptés de cette servitude les bâtiments, cours et jardins attenant aux habitations. Les rives du cours d'eau étant plus hautes que le niveau de la rivière, le seul moyen d'irriguer les prairies est d'élever par un barrage le niveau des eaux jusqu'à la hauteur des bords. »

Sous l'empire du code cette faculté n'appartenait pas *de plano* au propriétaire du fonds qui n'était que bordé par le cours d'eau ; il lui fallait le consentement du propriétaire de la rive opposée. Or celui-ci pouvait à son gré refuser son consentement et empêcher par là une entreprise d'une importance peut-être capitale pour la fertilisation de certaines terres.

On voit combien est éminemment utile la loi de 1847, qui permet de venir à bout d'entêtements trop communs, hélas ! dans nos campagnes, en accordant à toute personne qui a le droit de se servir des eaux la faculté d'appuyer un barrage sur la rive opposée.

L'article 1er dit que la servitude d'appui ne peut être autorisée que sur la propriété du riverain opposé : d'où il résulte, ce qui est mon cas, qu'il faut avoir le droit de prise d'eau sur la rive, comme propriétaire riverain.

La servitude d'appui ne peut être établie que moyennant une juste et préalable indemnité.

Cette indemnité a pour cause le dommage qui peut résulter de l'établissement du barrage : mais elle ne comprend pas le dommage éventuel qui pourrait survenir dans la suite ; car une indemnité, pour être juste et préalable à la fois, ne peut s'appliquer qu'à un dommage actuel et certain, une indemnité à forfait serait donc absolument arbitraire, et contraire au texte et à l'esprit de la loi.

Le second alinéa de notre article n'excepte de notre servitude d'appui que les bâtiments, cours et jardins attenant aux habitations ; mais les parcs et enclos ne sont pas exceptés.

L'article 2 est ainsi conçu :

« Les riverains sur le fonds duquel l'appui sera réclamé, pourra toujours demander l'usage commun du barrage, en contribuant pour moitié aux frais d'établissement et d'entretien.

Aucune indemnité ne sera respectivement due dans ce cas, et celle qui aurait été payée devra être rendue.

« Lorsque cet usage commun ne sera réclamé qu'après le commencement ou la confection des travaux, celui qui le demandera devra supporter seul l'excédent de dépenses auxquelles donneront lieu les changements à faire au barrage pour les rendre propres à l'irrigation des deux rives.

Le riverain opposé à mes herbages ayant été consulté avant l'entreprise du barrage et ayant désiré se servir des eaux pour l'irrigation de ses terres, payera la moitié des frais de construction et d'entretien de ce barrage.

Voyons la manière d'élever l'eau dans les prairies :

Pour élever le niveau d'eau nous savons que c'est au moyen de barrages ou de digues.

Le barrage est une construction par laquelle on barre le cours d'un ruisseau pour arrêter l'eau, la faire remonter et s'en rendre maître.

Les barrages doivent être proportionnés à la force de l'eau ; ils sont en pierre ou en bois.

Celui dont nous nous occupons est en bois et en pierre, c'est-à-dire que les deux massifs près des rives sont en briques, ainsi que celui du milieu, et sur ces massifs sont appliqués des planches qui peuvent s'élever ou s'abaisser au moyen de crémaillères pour laisser s'écouler l'eau ou la retenir suivant les besoins.

L'irrigation se fait par rases au moyen de fossés creusés dans le flanc de la berge au-dessus du barrage. Les fossés ont une largeur de 0 m. 35 sur 0 m. 30 de profondeur et ils sont tous formés par de petites digues qui empêchent l'eau d'entrer dans les prés lorsqu'on ne veut pas arroser et que le niveau de l'eau monte ; l'eau arrivant dans les fossés, qui sont à 25 mètres les uns des autres, déborde et couvre le terrain d'une nappe plus ou moins grande d'eau suivant les besoins de l'irrigation : pour l'écoulement des eaux, elle se fait par les fossés qui ont servi à la submersion, le champ étant en pente douce vers la rivière, la digue du barrage étant ouverte le niveau de l'eau baisse et grâce à la pente l'eau de la prairie se rend à la rivière petit à petit.

Les fossés d'irrigation sont creusés au moyen de la bêche et la terre est enlevée pour être mise dans des remblais.

Après avoir préparé la terre, il nous faut chercher les plantes qui devront former la prairie ; il est évident que nous choisirons celles qui se plaisent le mieux sur le terrain argilo-sableux et celles qui donnent le meilleur fourrage.

Voici celle que je crois devoir donner les meilleurs résultats et la proportion dans laquelle elles seront mises à l'hectare :

```
Avoine jaunâtre. . . . . . . . . . . . . . . 2 kilogrammes
Avoine élevée. . . . . . . . . . . . . . . . 1      »
Floure odorante . . . . . . . . . . . . . . 3      »
Paturin commun . . . . . . . . . . . . . . 2      »
Ray-Grass anglais. . . . . . . . . . . . . 6      »
Houlque laineuse . . . . . . . . . . . . . 1      »
Dactyle pelotonné . . . . . . . . . . . . . 8      »
Trèfle blanc. . . . . . . . . . . . . . . . 2      »
Fléole des prés. . . . . . . . . . . . . . . 2      »
Lupuline, minette . . . . . . . . . . . . . 2      »
                                            ————————
        Total . . . . . . 35 kilogrammes
```

Lorsqu'on s'est procuré les graines des espèces qui doivent

21

composer la prairie, on doit faire plusieurs mélanges, sans quoi les graines ne se sèmeraient pas bien, on fait un premier mé - lange des graines grosses et légères. Puis on réunit toutes les graines fines et légères, ces graines après avoir été bien mêlées forment le second mélange. Enfin, les graines fines et lourdes constituent le troisième mélange.

Lorsque les trois mélanges ont été bien opérés, on les sème successivement sur le terrain qui a été préparé et qu'on désire convertir en prairie naturelle. Mais ces trois semis ne sont pas d'une exécution facile. On doit, à cause de la légèreté et de la finesse des graines, les exécuter de préférence le matin et le soir quand l'air est calme, afin qu'elles ne soient pas entraînées au loin par le vent. Il est même important de baisser la main et de projeter les semences presque devant soi, en prenant de très petites poignées ou pincées suivant la grosseur des graines.

Le semis est enterré au moyen de la herse, puis on roule le sol pour presser la terre contre les petites graines.

Dès que la terre se fait en pierre on ouvre les fossés d'irrigation.

Voyons maintenant les dépenses qu'occasionnerait la création d'un hectare de prairie.

COMPTE DE CULTURE

POUR LA CRÉATION D'UN HECTARE D'HERBAGES IRRIGUÉ

Construction d'un barrage, bois fourni par mois.	75 »
Un labour de défoncement avant l'hiver.	80 »
Un labour ordinaire au printemps.	22 »
Deux hersages à 2 fr. 60 l'un.	5 20
Total.	182 20

SEMENCE

		fr.
Avoine jaunâtre . . .	2 kilog. à 5 » les kil. . . .	10 »
— élevée. . . .	1 » à 0 90 »	3 60
Floure odorante. . .	3 » à 5 » »	15 »
Paturin commun . .	2 » à 2 50 »	5 »
Ray-Grass anglais. .	6 » à 0 85 »	5 10
Houlque laineuse. .	4 » à 0 85 »	3 40
Dactyle pelotonné. .	8 » à 1 70 »	13 60
Trèfle blanc.	2 » à 3 » »	6 »
Lupuline.	2 » à 0 85 »	1 70
Fléole des prés . . .	2 » à 1 » »	2 »

Total.	65 40

Semence. 35 kilog	65 40
Répandre la semence 3 fois.	3 »
Un hersage pour chaque ensemencement à 2 fr. 60.	7 80
Un épierrage.	3 »

Total.	79 20

Les frais de la première année après le semis con-sistent en deux roulages au printemps à 4 fr. l'un.	8 »
Un sarclage à 2 fr.	2 »
Épandage des taupinières.	2 »
De plus comptons les 20.000 kilog. de fumier, trans-port et épandage compris, à 10 fr. le mètre cube.	200 »

Total.	212 »

Les frais de main d'œuvre exigés pour la confection des rigoles varient suivant une foule de circonstances comme la difficulté du travail, la cherté de cette main-d'œuvre et sa rareté, le nombre des digues : je fixerai la mise en irrigation de mes prairies elle me reviendra à 350 francs.

RÉSUMÉ DU COMPTE DE CRÉATION D'HERBAGE
(UN HECTARE)

Préparation du sol et engrais.	307 »
Semence.	65 80
Frais d'ensemencement et entretien d'une année.	25 40
Frais d'irrigation et de barrage.	350 20
Total.	748 40

Le prix sera de 748 fr. 40 à l'hectare et pour 46 hectares, 46×748 fr. $40 = 34.426$ fr. 40.

RESSOURCES DE L'ASSOLEMENT

Après avoir donné l'assolement que j'ai adopté, je vais montrer : 1° ce qui me l'a fait choisir; 2° ce qu'il fournit comme produit ; 3° la quantité de fumier qu'il me faut pour qu'il se soutienne et celle qu'il produit ; 4° le travail qu'exige la culture ; 5° les animaux qui peuvent vivre par cet assolement ; 6° les instruments qu'il me faut ; 7° le moyen de l'établir.

CHAPITRE 1

Ce que fournit cet assolement comme aliments et comme litière.
Blé.
Seigle.
Avoine.
Orge.

BLÉ

L'étendue cultivée chaque année dans l'exploitation en blé est de 16 hectares, 9 hectares de blé d'automne et 7 de blé de printemps, ce qui m'en fait cultiver une si grande quantité, quoique maintenant sa culture ne soit pas rémunératrice, c'est que, faisant l'élevage et l'engraissement et ayant une culture assez importante, il me faut de la paille.

Le blé cultivé est le blé de Noël et le blé de mars.

Son rendement moyen dans mes terres qui sont d'assez bonne qualité est de 4.000 kilogrammes de paille équivalant à 1.160 de foin sec et 20 hectolitres de grains.

Le blé est vendu à Rouen au prix moyen de 20 fr. l'hectolitre

SEIGLE

C'est la céréale qui tient le second rang après le blé, il sert encore à la nourriture de l'homme; mais la principale cause pour laquelle, je le cultive c'est pour faire des liens dont il me faut une grande quantité pour lier ma paille et mes fourrages et je consacre à cette culture 2 hectares 1/2. Il me donne un rendement un peu plus considérable que le blé, et qui s'élève en moyenne à 22 hectolitres de grain et 3.500 kilogrammes de paille.

AVOINE

L'avoine est cultivée principalement pour la nourriture des chevaux et des animaux qui travaillent ou qui ont un service à faire.

L'avoine donne aussi une paille excellente pour les bêtes à cornes.

L'avoine n'est pas difficile sur la qualité du sol et on peut dire qu'elle se plait dans les terrains.

Cette céréale se trouve en partie consommée dans la ferme. Je ne cultive que l'avoine noire qui est préférable à la blanche, étant moins dure : elle donne 35 hectolitres de grain à l'hectare et 2.600 kilogrammes de paille.

ORGE

L'orge est peu employée pour la panification, parce que le pain qu'elle donne est inférieur en qualité à celui du blé et du seigle ; mais elle sert beaucoup pour l'engraissement des animaux, porcs et volaille ; on la donne même cuite aux bœufs.

L'étendue consacrée à cette culture est, à la ferme du Becquet, de 2 hectares 1 2. La paille n'est pas très estimée comme litière et comme nourriture : on ne la donne qu'aux porcs.

Elle rend à l'hectare 26 hectolitres et le produit moyen de la paille est de 25.000 kilogrammes.

RACINES ET TUBERCULES. — BETTERAVES

Une grande quantité des terres est cultivée chaque année par cette plante, parce qu'elle est employée à la nourriture du bétail. La betterave est cultivée sur sept hectares et elle rend en moyenne 45.000 kilog. de racines à l'hectare.

CAROTTES

Cette plante qui semble oubliée, mais qui devrait être cultivée dans toutes les exploitations à cause de sa bonté pour l'alimentation du bétail, entre dans une des soles de la ferme dans la proportion de 2 hectares donnant 5.600 kilog. à l'hectare.

Cette racine sert à la nourriture des chevaux, des bœufs et des vaches. Elle peut, dans l'alimentation des animaux de la race chevaline, remplacer jusqu'à un certain point l'avoine.

En effet, elle contient des principes existants, analogues à ceux de la céréale et donne de la vigueur aux animaux.

POMME DE TERRE

Grâce à ce précieux tubercule dont on ne peut se passer dans l'alimentation des hommes et des animaux, on ne peut avoir une nourriture à meilleur marché et très saine, ce qui est un grand point dans les fermes. L'étendue livrée à la culture de la pomme de terre est de 2 hectares 1 2 donnant un rendement moyen de 22.000 kilogrammes à l'hectare.

FOURRAGES

La ferme s'occupant d'engraissement, il faudra, pour répondre aux exigences de cette spéculation, les nourritures en abondance et c'est ce que j'essaie de faire en ayant beaucoup de prairies artificielles et de prairies naturelles.

Voyons ce que nous donne une prairie artificielle en fourrage sec, d'une luzernière située dans des conditions moyennes par rapport au climat, à la qualité du terrain, à sa richesse en engrais, et sur laquelle on pourra faire, chaque année, quatre coupes successives.

1re année. année de produit.	3.200 kilog
2e	. . . . 10.500 »
3e --	. . . . 10.000 »
Total pour 3 ans . .	23.700 kilog.

Après, la luzerne décroît chaque année.

Faisant le total, nous trouvons qu'elle nous donne pour 3 ans 23.700 kilog. Ce qui fait une moyenne de 7.900 kilog. par année.

L'étendue consacrée à cette plante est de 34 hectares 1/2.

Les prairies naturelles donnent une contenance de 98 hectares et donnent un rendement de 5.500 kilog. par hectare.

Avant de passer au fumier que nécessite cet assolement, et avant de parler du nombre de bétail entretenu sur le domaine, nous devons parler des spéculations faites sur l'exploitation, sans lesquelles, dans le temps où nous vivons, on ne pourrait pas gagner, et même on perdrait.

En effet, à cause de la concurrence étrangère sur le blé qui est amené, dans notre pays, à un prix moins cher que celui auquel nous le produisons et qui est vendu moins cher, il faut chercher les moyens possibles pour lutter et attendre que le gouvernement, protégeant le cultivateur, lui donne les mêmes droits qu'aux autres branches de commerce, et lui rende un peu de sa prospérité. Malheureusement ces temps seront peut-être longs à venir.

Pourtant on devrait protéger la culture ; car, comme l'a dit un homme : De l'amélioration ou du déclin de l'agriculture date la prospérité ou la décadence d'un État.

Me trouvant dans un pays où les herbages sont en grande abondance et en possédant une grande quantité, je dois me livrer à deux spéculations :

1° L'engraissement du bœuf ;

2° L'élevage du cheval.

ENGRAISSEMENT DU BOEUF

De tous les animaux de vente, dit M. Vial, le bœuf est celui qui, pris en masse ou individuellement, a la plus grande valeur et qui se combine le mieux avec les conditions diverses de l'exploitation du sol.

Considéré d'une manière générale, son engraissement présente de très grands avantages : il fournit bien des éléments les plus essentiels à l'alimentation de l'homme : la viande. Il provoque le perfectionnement des races ; il oblige les engraisseurs à choisir

des cultures rares appropriées : il augmente la quantité et la va
leur des engrais, et devient, par cela même, une cause d'amélioration pour l'agriculture, qui est la première base de la fortune
publique.

Quand il est fait dans des conditions convenables et d'une manière économique, il offre des produits réguliers et certains et
permet de tirer un parti avantageux d'une masse de fourrages
qui n'auraient pu être transportés au loin, de renouveler le capital plus souvent que dans beaucoup d'autres industries, et de ne
pas le surveiller comme dans la vente des produits de laiterie.

Avant de parler du système d'engraissement, je dirai quelques
mots du choix des animaux ; car c'est du choix judicieux du bétail que dépend en grande partie la réussite de l'engraissement.

Étudions la race : celle que j'adopte est la Normande, me trouvant dans un pays où l'on peut se la procurer facilement : c'est
une race qui atteint un fort poids et est acclimatée dans le pays,
chose qui est à considérer, parce qu'en amenant une race étrangère, elle se trouve dans des conditions où elle n'était pas aupa-
ravant, et généralement souffre avant de se faire au nouveau
climat.

La race normande est facile à reconnaître à sa taille assez élevée,
à sa couleur rouge, à sa tête forte mais peu longue, à sa bouche
large, à ses cornes peu longues : son toupet abondant, son ossa-
ture est forte.

J'engraisserai aussi le bœuf Manceau et quelques rares Cha-
rollais qui seront mis à l'herbage après avoir travaillé dans l'exploitation.

Le bœuf Manceau est rouge, plus uniforme ou rouge tacheté de
blanc ; les cornes fortes à la base, pas très longues, le front large
ainsi que le poitrail, la croupe épaisse, les cuisses descendues.

Mais dans ces deux races, on trouve, comme dans toutes les au-

22

tres, des individus plus ou moins bien conformés, et c'est à l'engraisseur à savoir faire le choix de ses animaux.

La condition essentielle pour un animal d'engraissement, c'est qu'il soit bien conformé et que ses fonctions soient exécutées par des organes sains et bien construits.

Etudions les diverses parties du corps que l'acheteur devra examiner en achetant un animal d'engrais ; la bête devra être fine ainsi que les cornes, l'œil bien ouvert et doux, la bouche large : ce qui lui permettra de prendre plus d'aliments, l'encolure fine.

La poitrine renfermant des organes essentiels à la respiration, à la circulation, doit être large et haute, c'est-à-dire qu'elle ait grande capacité pour que les organes ne soient pas gênés, sans quoi, dans une poitrine, resserrés, les différents organes ne peuvent avoir tous leurs jeux et l'animal souffre.

Les côtes longues, bien rondes et allongées pour former plus de cylindre au corps. Le ventre d'une grandeur moyenne bien arrondi et n'ayant pas de sillon au flanc qui doit se lier au ventre sans dépression. Les animaux à ventre trop volumineux, descendu et à flanc tombant sont généralement des animaux qui souffrent par une digestion longue et laborieuse.

Mais le ventre ne doit pas non plus être relevé, c'est-à-dire retroussé. Les sujets ayant une telle conformation ont dû souffrir pendant leur jeunesse d'un jeûne prolongé ou d'une nourriture peu abondante qui, généralement tend à faire resserrer les organes de la digestion qui occupent alors moins de volume.

Pour qu'un animal soit dans de bonnes conditions sous le rapport de la cavité abdominale, il faut, qu'ayant une bouche large, comme nous l'avons indiqué, le volume du ventre augmente peu, c'est alors qu'il digère bien.

La grosseur des os était regardée autrefois comme une condition essentielle pour l'engraissement, mais maintenant on est revenu de cette erreur, et le système osseux doit être fin dans un bœuf d'engrais, parce que les masses charnues sont plus considérables, et les issues se trouvent diminuées.

Les muscles composant la viande chez les animaux, il faut considérer leur volume et leur distribution sur leur squelette. Ils doivent se relier entre eux sans lignes de demarcation.

Le corps doit avoir une espece de rondeur ; il faut qu'aucune partie de l'animal ne soit disproportionnée avec les autres.

Les épaules charnues, le garrot épais, le dos et le rein larges, les hanches larges, la croupe longue et droite, les fesses et les cuisses descendues, le jarret large, les canons fins. Le tissu cellulaire dans lequel se dépose la graisse doit être abondant.

La peau doit être fine, douce, mobile et s'étendre, lorsqu'on la tire ; elle doit être recouverte d'un poil court, fin et bien lustré.

L'attitude de l'animal a une grande influence sur son engraissement. Ainsi un animal paisible et tranquille dont le système lymphatique est développé s'engraissera plus vite qu'un animal sanguin, nerveux et qui, à la moindre action extérieure, sera impressionnable. Cet animal dépensera plus par sa vigueur que le bœuf lymphatique.

Il y a encore plusieurs circonstances à considérer qui ont de l'action sur l'engraissement du bœuf, ce sont : l'âge, comme l'engraissement consiste à faire prendre de la viande et de la graisse à un animal le plus vite possible et au meilleur prix, sans cela l'engraissement n'est par rémunérateur, et lorsque l'animal est trop vieux, ses fonctions s'affaiblissent et sa chair ne se laisse pas traverser par la graisse. Il demande alors un temps plus long, une nourriture plus abondante, et par la même, un besoin d'argent plus grand et l'engraissement devient onéreux.

Trop jeune, il lui faut de la nourriture pour s'accroître sans qu'il prenne de la chair et de la viande.

Nous voyons par ces deux exposés, qu'il ne faut ni prendre un animal trop vieux ni un animal trop jeune, le meilleur moment à le prendre pour l'engraisser est l'âge adulte où tous ses organes sont formés ; dès qu'il a acquis un complet développement, alors il y a pas de perte dans la nourriture qu'on lui donne, il se l'assimile et, en même temps, prend de la viande et de la graisse.

Les animaux trop maigres sont peu avantageux à engraisser surtout si leur état de maigreur tient aux privations qui leur ont été imposées dans leur jeunesse. Leurs organes, dans ce cas, manquent de développement, ils sont dans un état maladif.

L'état de santé où sont les bestiaux qu'on achète a aussi une influence notoire pour leur engraissement, et l'acheteur devra constater cet état. Leur poil est piqué, rude, hérissé, la colonne vertébrale, sans flexibilité, leur mufle chaud, leurs muqueuses jaunâtres, sont autant d'indices de l'état maladif où se trouvent les animaux, et l'herbager ne devra pas les acheter.

Le sexe influe aussi beaucoup et quoique la viande de la vache ne soit pas très estimée, elle est cependant saine et beaucoup de bouchers en achètent : mais lorsqu'on se livre à l'engraissement, il faut mieux prendre des bœufs qui sont plus marchands, alors il faut examiner le mode de castration qui transforme l'animal : entier, il est vif, ardent, difficile à conduire ; castré il devient doux, paisible et prend mieux la graisse, c'est le castration par le bistournage qui est la meilleure pour les bœufs.

Maintenant que nous avons énuméré à peu près les différentes causes qui font choisir tel ou tel animal et rejeté tel autre, nous parlerons du procédé d'engraissement.

Le système d'engraissement que je choisirai afin d'économiser, de faire consommer mes fourrages et d'engraisser mes animaux rapidement tout en faisant pâturer mes herbages sera l'engraissement de pouture et l'engraissement à l'herbage.

ENGRAISSEMENT A L'HERBAGE

La première question qui se posera pour l'étude de ces systèmes sera :

Qu'est-ce que l'engraissement à l'herbage ?

L'engraissement à l'herbage consiste à mettre les animaux sur une prairie, et à les y laisser jusqu'au moment de leur vente : ils consomment l'herbe et s'engraissent seuls.

Les herbages qui nous occupent sont assez nourrissants pour les animaux et ils y sont mis trois fois c'est-à-dire, que j'y fais trois saisons.

Comme nous l'avons vu, les animaux sont tirés de deux provenances ; les uns sont achetés dans la province, les autres y sont importés du Maine et de l'Anjou.

C'est à la fin de l'hiver, un peu plus tôt, un peu plus tard, selon les années et suivant aussi que la végétation est plus ou moins avancée, que j'achèterai mes bœufs de première saison ; c'est ce qu'on appelle en termes d'herbager, aller au maigrage, c'est-à-dire que l'on va dans les foires acheter les bœufs maigres dont on a besoin.

Ces premiers bœufs arrivent souvent avant que les herbages soient couverts d'herbe, et souvent on leur donne du foin ; mais on en diminue la ration, dès que l'herbe commence à pousser et ils s'engraissent avec la pointe de l'herbe, puis sont vendus dans le courant de mai.

Alors, on rachète d'autres bœufs qui sont mis en mai-juin dans l'herbage ; ceux-ci ont toute la saison d'herbe : ce sont eux qui deviennent les meilleurs ; ils sont vendus à la fin de l'été, en septembre.

En octobre, on achète les bœufs d'hiver ou trembleurs qui restent l'hiver dans les pâturages, mais lorsque la terre est couverte de neige ou que l'herbe manque on leur donne du fourrage dans des râteliers placés sous des hangards

Ce sont ces bœufs qui terminent la saison. Ils sont vendus en février.

ENGRAISSEMENT DE POUTURE

L'engraissement de pouture est celui qui est fait dans les étables à l'aide de la stabulation.

Ce système que je fais en même temps que celui des herbages, a plusieurs causes.

D'abord, cultivant beaucoup de prairies artificielles, il faut que je les fasse consommer et le meilleur moyen, je crois, est de le donner à l'étable où les animaux le gâchent moins.

La deuxième raison est que ma culture est assez étendue et pour obéir aux lois toujours exigentes de la restitution, il me faut des engrais que je ne pensais pas obtenir en assez grande quantité avec mes animaux de travail. En effet, la stabulation absolue pratiquée sur le bétail de vente offre l'avantage incontestable de réunir, sans rien en excepter, tous les engrais solides et liquides.

Les fosses à purin reçoivent les urines, et les trous à fumier construits ad hoc sont autant de réservoirs à engrais. Les matières fertilisantes que la stabulation permanente met à ma disposition sont d'autant plus inappréciables que s'il me fallait les acheter, ce qui me reviendrait cher, tant à cause du prix de l'engrais que de ceux des transports.

La stabulation offre aussi l'avantage de mettre de la régularité dans le régime de l'animal, de le mettre à l'abri des changements brusques de température, les repas sont servis à heure fixe et dosés comme on veut, ce qui contribue pour beaucoup à la rapidité de l'engraissement.

L'animal enfermé jouit d'une tranquillité parfaite, ce qui contribue beaucoup à lui enlever cet esprit d'inquiétude auquel il est sujet, au milieu de ses congénères. De là point de perte pour l'engraissement.

La stabulation absolue offre encore une supériorité sur les autres systèmes, en ce qu'elle simplifie la surveillance. En un seul coup d'œil, le maître peut s'assurer de l'exactitude du service intérieur ; une simple inspection suffit pour lui faire découvrir à l'instant les omissions ou les négligences commises, tandis que lorsque son troupeau est disséminé dans toutes les parties de son exploitation à de très fortes distances, la surveillance laisse nécessairement à désirer.

Les animaux engraissés à l'étable y sont mis aussi trois fois ; achetés en octobre, ils passent une partie de l'hiver jusqu'en janvier, février, moment où ils sont vendus ; d'autres sont remis à l'engraissement de février en mai. J'achète alors en février les bœufs qu'il me faut pour le pâturage et restent de mai en juin, on les vend, et en juillet, d'autres sont achetés et engraissés pour octobre, époque où je rachète d'autres animaux.

Les bœufs qui ne tourneraient par bien, comme on dit, à l'herbage, seraient mis à l'étable pour être surveillés et mieux nourris.

Voyons maintenant les nourritures qu'ils consomment et les rations qui leur seront nécessaires et données.

Les aliments que l'on donne aux animaux sont de deux genres : les aliments azotés ou plastiques, les aliments carbonés ou respiratoires, les substances grasses.

Étudions les trois sortes d'aliments :

Les substances azotées que l'on trouve dans tous les végétaux, sous des noms différents, mais dans des combinaisons à peu près semblables, ce sont : l'Alburinm vegetale qui se rencontre dans tous les sucs végétaux, le Gluten qui existe surtout dans les grains, le légume contenu dans les pois, les lentilles, les haricots, etc.

Ce sont ces éléments qui concourent dans l'animal a former la viande.

Les matières carbonées, hydrocarbonées ou respiratoires, comprennent les substances amylacées, l'amidon, le sucre. l'alcool. On les appelle éléments respiratoires, parce que leur richesse en carbone et en hydrogène les rend particulièrement propres à servir d'aliments à la combustion pulmonaire.

Les matières grasses sont très abondantes dans tous les végétaux ; elles ne diffèrent de la graisse des animaux que par une petite différence en moins d'oxygène.

Il existe encore des minéraux à l'état de silex qui doivent entrer dans l'alimentation des animaux, ce sont principalement les phosphates terreux et les carbonates de chaux qui servent à la composition du squelette.

Pour qu'un animal s'engraisse, il faut lui procurer des aliments composés dans ces diverses catégories.

Les rations que l'on donne aux animaux sont de deux sortes.

La ration d'entretien est celle qui fournit à l'animal les matériaux d'alimentation exactement nécessaires pour entretenir la vie sans déperdition de poids. Cette ration s'élève généralement à 1,50 ou 1,75 pour 100 du poids vivant.

La ration de production est celle qui vient s'ajouter à la ration d'entretien pour faire produire à l'animal un certain travail ou un certain produit; elle peut s'élever jusqu'à 4 ou 5 0,0 du poids vivant.

Ces chiffres qui donnent quelques données ne sont que théoriques, car il est difficile de calculer exactement ces rations ; certaines causes les font varier, et dans la pratique de l'engraissement qui doit toujours être rapide pour donner des bénéfices, la limite de la ration est habituellement celle de l'appétit plus ou moins stimulé de l'animal.

Maintenant nous savons à peu près la quantité à donner à

chaque animal d'après les relations que donneraient divers engraisseurs en renom.

A la ferme du Becquet les animaux en stabulation reçoivent des fourrages, des racines, de la paille et des résidus :

Les fourrages sont ceux de trèfle, de luzerne et de sainfoin.

Les racines sont les : betteraves, les carottes; les pailles sont : celles de blé et d'avoine, les autres n'étant pas bonnes ou trop dures pour les animaux.

EXEMPLES DE RATIONS

Mathieu de Dombasle à Roville, poids cif 450 kilog.

Foin ou autres fourrages secs.	2 kilog.	500	
Résidus de distillerie pommes de terre.	50	»	équivalent à 2 » .
Tourteaux de colza.	2	500	

M. Demesmay, à Templeuve Nord, poids cif 300 kilog.

Paille.	72	»	
Pulpe de betteraves.	33	»	équivalent à 27.
Tourteaux de colza.	6	»	

M. Hette, poids cif 300 kilog.

Foin ou autres fourrages.	65 kilog.	»	
Paille.	25	»	
Pulpe de betteraves sucrerie).	20	500	équivalent à 15.150.
Farines de céréales.	15	»	
Tourteaux de colza	2	500	

M. Soudaige, poids cif 400 kilog.

Paille.	1	»	
Pulpe de betteraves.	45	»	équivalent à 17.000.
Farine de céréales.	1	500	
Tourteaux de colza	2	500	

M. Villesay, au Ritterhoff (Bacière Rhénane, poids cif 500 kilog.

Foin ou autres fourrages secs.	8 kilog.	»	
Résidus de distillerie.	25	»	équivalent à 2.330.
Tourteaux de colza.	2	500	

23

Foin ou autres fourrages secs. . . . . 7 kil. 500
Paille. 1   500
Racines. 40   »
  — de céréales. 3   »

équivalent à 27,658.

Voici maintenant la ration que j'adopterai :

Foin ou autres fourrages. . . . .   8 kilog.
Paille.   3   »
Racines.   25   »
Tourteaux.   2   »

Cette ration ne sera donnée pour commencer aux animaux qui arriveront à l'engrais, elle serait trop nourrissante.

Je commencerai par leur donner :

Foin. . . . .   7 kilog.
Paille. 2 500
Racines.   20   »

Je ne leur donnerai point de tourteaux pour commencer : ils n'en auront que trois semaines après qu'ils auront été enfermés.

Pour engraisser vite un animal, il ne faut pas lui en donner beaucoup à la fois ; il faut mieux lui en donner peu et en plusieurs fois, il ne faut pas le dégoûter par une trop grande abondance d'aliments parce qu'il gâche sa nourriture par conséquent et revient à un prix plus élevé.

Les repas seront distribués en trois fois, le matin, à midi et le soir.

La préparation des aliments à donner aux animaux demande un certain soin : aussi on ne doit donner les racines entières, ni seules parce qu'elles peuvent occasionner des accidents et des maladies : elles seront coupées, puis mélangées à de la paille hachée, et l'on mettra un peu de sel qui est si nécessaire aux animaux qu'on force à manger.

Si on leur en donne en abondance, pour que le phénomène de la digestion ne soit arrêté, l'eau ne sera jamais pure, on la mélangera avec des farines de froment ou d'orge.

Les animaux doivent engraisser vite et voilà à peu près ce qu'ils augmentent en poids pendant un jour : 0 kilog. 750 grammes.

Nous nous occuperons de la ration que les animaux prennent à l'herbage, question qui est assez difficile à résoudre, cela dépendant des animaux, de leur état de graisse, de la qualité de l'herbage.

On doit, lorsque les animaux arrivent maigres, les confiner d'abord dans les herbages les moins productifs, afin que ces animaux se trouvent moins dérangés par la nourriture verte.

Lorsque les animaux commencent à se refaire, on les met dans un pâturage de meilleure qualité, afin qu'ils tournent plus promptement en graisse, suivant l'expression des herbagers.

On compte qu'une bonne pâture de 70 à 80 ares suffit à engraisser un bœuf.

DE L'ÉLEVAGE

L'élevage est une des spéculations agricoles qui a pour but de faire naître ou d'acheter des animaux que l'on nourrit, que l'on élève, en un mot, pour en tirer parti lorsqu'ils ont un certain ?

L'élevage, à la ferme du Becquet, ne se fera que sur les chevaux. Les animaux que j'élèverai seront de race demi-sang qui peuvent servir à deux fins, soit à faire un travail léger, dans une ferme, soit à atteler le cabriolet.

Étudions la manière dont on fera cet élevage :

Les terres du domaine n'étant pas très difficiles à travailler, les différents travaux à exécuter dans une exploitation seront faits par des juments, de plus, une station d'étalons située à Rouen, près de l'exploitation, me permettra de faire avec économie cette spéculation.

Pour réussir dans l'élevage, la première condition est qu'il soit fait avec économie. de plus, il faut que les produits obtenus soient beaux.

Nous répondrons à ces deux conditions en disant que le prix de revient du poulain sera diminué en faisant travailler les mères. et pour avoir de beaux sujets. il faut que les parents soient beaux pour transmettre à leurs descendants leurs caractères. et on ne devra pas regarder à l'argent, pour avoir des pères et mères de bonne conformation.

Il est plus économique d'acheter une belle jument qui donnera de beaux produits. que d'en avoir deux pour le même prix, qui donneront des poulains médiocres ou même mauvais.

Et dans mon exploitation avec ce que j'ai cherché à avoir, je n'ai pas regardé au prix pour me procurer ces bêtes.

Les juments qui me servent à l'élevage sont de deux races. Race demi-sang anglo-normand et race percheronne.

La race demi-sang. anglo-normand qui fournit presque à elle seule les chevaux de trait léger. dérive de l'ancienne race normande à chanfrein busqué, à encolure ronce; par le croisement avec le cheval anglais. on a obtenu le cheval en question, qui est grand. élancé, à côte moyenne, ronde, à garrot bien sorti, à encolure droite, à tête moyenne, à chanfrein non busqué à croupe bien dirigée et à queue bien plantée : à membres d'applomb. les postérieurs suivent portés en arrière : à articulations quelquefois un peu faibles : le jarret n'est pas toujours exempt d'exostoses.

Leur constitution est sanguine et ils marchent rapidement : bais. mais de différentes nuances.

Je ne décrirai pas la race percheronne, en ayant parlé pour la race du pays.

Mon élevage se trouve résumé ainsi : mes juments sont saillies au mois de février et ont leur poulain en janvier-février. Elles travaillent jusqu'au jour où elles mettent bas : mais dans le dernier temps de la gestation, elles ne font que des travaux légers.

Les forts travaux sont réservés pour mes deux chevaux hongres et pour les bœufs ; travaillant modérément, les juments ne sont pas fatiguées et peuvent donner des poulains.

Dès que les poulains sont nés, ils sont conduits avec leur mère dans les pâturages, où ils peuvent entrer sous des hangars lorsqu'il fait mauvais temps.

Ils sont sevrés à l'âge de six mois: étant nés en février, ils ont ainsi toute la belle saison et sont assez bons pour passer l'hiver dans les herbages.

Le sevrage est une opération très importante qui ne s'accomplit que bien rarement de façon à ce que le poulain n'en ait point à souffrir. Le sevrage lorsqu'il s'opère à une saison avancée de l'année, la transition brusque du régime lacté à celui des aliments solides cause une perturbation dans la fonction digestive qui arrête le développement, et rend le premier hiver des poulains rude à passer.

C'est pourquoi il faut prendre des précautions pour ce sevrage qui ne doit pas se faire tout d'un coup ; il faut que cela se fasse par gradulation, parce que le jeune sujet qui est nourri avec un aliment très digestif, n'est pas préparé à recevoir une nourriture moins digestive, et si on faisait une transition trop brusque, on pourrait donner des indigestions au poulain et le faire périr.

Pour le sevrage, il y a des précautions à prendre non seulement eu égard au sujet, mais encore eu égard à la mère.

La mère nourrissant ses petits a une abondante sécrétion des mamelles ; si on supprime tout à coup cette fonction des glandes mammaires, une partie du lait coulera par la lumière du troyon, une autre partie restera dans la mamelle et s'y coagulera en faisant enfler le tissu des glandes, on aura alors une mammite.

Pour sevrer le petit sujet, on le sépare de sa mère pendant

quelques heures, puis on le rapproche pour le faire teter. Comme
il est un principe zootechnique qui dit que, plus les organes travaillent plus ils produisent ; en ne faisant pas travailler souvent
les glandes mammaires, elles finissent par se tarir, de plus, le
lait etant du sang, moins la matière colorante, on empêche le lait
de couler en donnant moins d'aliments nourrissants aux juments,
on leur donne, au contraire, des aliments débilitants.

Le petit trouvant moins de lait, et ce lait moins riche, des que
l'instinct de la conservation lui fera sentir la nécessite de se nourrir ; il prendra peu à peu d'autres aliments.

Après le sevrage, le poulain est séparé de sa mère et laissé au
pâturage avec d'autres jeunes chevaux de son âge, et on ne les
rentre pas a l'ecurie. Le soir, ils couchent sous des hangars, là
comme supplément de la nourriture qu'ils ont prise sur le pré, on
leur donne un peu d'avoine, environ un kilog, un peu de foin et
paille, et des carottes coupées.

Le poulain reste ainsi jusqu'à l'âge de trois ans, moment où
l'on commence son dressage, puis il est vendu à quatre ans et
demi ou cinq ans.

Lorsque l'on engraisse des animaux, surtout des bœufs, souvent
des maladies atteignent vos animaux, et une des plus terribles à
craindre est la péripneumonie contagieuse qui est encore appelée
pulmonie, *pleuro-pneumonie-épizootique*, *gangréneuse*, maligne,
exsudative contagieuse ; peste péripneumatique, maladie de poitrine
du gros bétail, pneumosarcie. C'est une affection générale, contagieuse et virulente qui atteint surtout les animaux de race bovine.

Cette maladie fut connue depuis longtemps.

Valentini en parle en 1701 ; mais ce ne fut que vers 1822, qu'elle
fit son apparition dans le département du Nord. En 1840, la maladie prit une extension extraordinaire et sévit de la manière la
plus extraordinaire et la plus meurtrière sur la population bovine
de plus de quarante départements de la France.

C'est à cette époque qu'elle s'est déclarée pour la première fois en Normandie, dans la vallée de Bray, dans les riches pâturages de l'arrondissement de Neufchâtel et dans la vallée de Dieppe. elle apparut d'abord chez un seul propriétaire.

Les symptômes sont assez difficiles à reconnaître. parce que la bête atteinte de maladie n'a pas de signe de maladie au début de la *péripneumonie*. Cependant peu à peu. on constate que l'appétit n'est plus normal, la rumination plus lente et plus rare : la soif un peu plus forte, mais entrecoupée de moments de repos. Peu à peu, on constate des symptômes gastriques, de l'inrumination avec *météorisme* plus ou moins prononcé, de l'indigestion même, surtout du feuillet. les crottins plus secs alternant avec un peu de diarrhée, l'urine est plus rare, plus ou moins épaisse. fortement albumineuse. souvent elle a une forte odeur ammoniacale : des frissons avec tremblement musculaire. lesquels apparaissent surtout le matin et le soir.

L'animal gai au sortir de l'étable se fatigue cependant assez vite : pour peu qu'on le pousse, il survient une espèce de lassitude. de l'abattement. parfois un peu de claudication ; c'est alors aussi qu'on constate une accélération de la respiration.

Dès le principe aussi. on entend de temps à autre une petite toux caractéristique : c'est une toux sèche très faible. Si on pince le dos un peu en arrière du garrot. la bête debout fléchit fortement. La colonne vertébrale cherche à se soustraire à cet attouchement pénible, en même temps, très souvent elle fait entendre une plainte étouffée.

La peau a perdu de sa souplesse. elle est plus attaché aux côtés.

A mesure que la maladie avance. l'on constate de l'oppression croissante de la respiration qui s'accélère, au point que l'on compte 6 à 10 mouvements respiratoires de plus par minute : la respiration est abdominale. la toux devient plus grave et fait souffrir l'animal.

Par le nez il y a un écoulement muqueux.

Si l'on place l'oreille au flanc on entend un bruit particulier.

La percussion donne un son mat.

La maladie, comme nous l'avons vu, a son siège sur le poumon, c'est-à-dire dans les lobules pulmonaires et surtout dans le tissu cellulaire interlobulaire.

Le poumon des animaux atteints de maladie sécrète des ma-. tières d'un blanc jaunâtre très abondantes. L'extérieur du poumon a une teinte grisâtre et l'intérieur est marbré, il a un poids considérable et augmente en même temps que la maladie.

Voyons la manière dont se propage cette maladie et la manière d'y remédier.

La maladie se propage par contagion au moyen d'un virus fixe et volatil, il suffit qu'un animal sain cohabite avec un animal atteint de pneumonie pour que celui-ci la gagne.

Le moyen pratique d'empêcher la péripneumonie de faire des dégâts dans une exploitation est de l'inoculer.

On a inoculé diverses matières avec succès : la salive, les larmes, le mucus nasal, le lait, le serum du sang ; mais on s'accorde généralement à préférer le liquide du poumon, tel qu'on l'a exprimé, ou plutôt qu'il s'écoule des incisions d'un morceau malade, pas n'est besoin que ce morceau soit encore chaud, mais il doit être frais, non altéré.

Il y a plusieurs places pour inoculer, aussi l'inoculation se fait aux oreilles, à l'encolure, à la région costale, au fanon, mais la meilleure place est la queue, parce que c'est là que les effets de l'inoculation apparaissent le plus vite.

Pour introduire la liquide, on commence par couper les poils, puis on excurie la peau en moyen d'un bistouri ou d'une lancette, on doit faire couler le moins de sang possible, puis on prend un peu de liquide et on le met dans la plaie.

Le mieux pour faire l'inoculation est de se servir d'une aiguille à inoculer qu'on charge en plongeant la pointe dans le liquide séreux. Deux à trois piqûres suffisent. On les espace de 4 à 5 centimètres.

Il se forme après l'inoculation, au bout d'un temps qui varie de 5 à 20 jours, au point où a été inséré le liquide séreux, une inflammation légère, chaude et douloureuse et spontanément curable en quelques jours; parfois, il se forme un bourrelet autour de la queue, la plaie devient ulcéreuse et la gangrène peut s'y mettre.

Si la queue se gonfle, on enduit le bout de vinaigre et d'argile, si l'inflammation est trop forte, on coupe la partie malade.

NOMBRE DE TÊTES DE BÉTAIL

QUI PEUVENT ÊTRE ENTRETENUES DANS L'EXPLOITATION

Dans toute exploitation il faut des animaux que l'on peut diviser en deux classes : animaux de travail et animaux de vente.

Les bêtes que je consacre au travail sont : le cheval et le bœuf qui doivent recevoir, comme l'animal de vente, deux rations, formant la partie indispensable pour son entretien, et l'autre qui lui permet de fournir un produit quelconque, sans dépérir autrement que par les lois naturelles qui mettent un terme à son existence. Il y a une règle disant qu'un animal qui travaille doit être autrement nourri que s'il était au repos.

La marche à suivre pour déterminer ce supplément de nourriture, qui permet à un animal de se livrer d'une manière sensible, à un travail proportionné à ses forces, consisterait à déterminer avec soin, et successivement, la ration d'aliments nécessaire pour l'entretien de l'animal à l'état de repos, et celle dont il a besoin à l'état de travail, en passant par gradation du premier état au second, jusqu'à ce que l'animal soit arrivé à l'état normal de fatigue auquel il doit être soumis.

24

L'analyse comparée de ces deux rations, qu'elles soient ou ne soient pas formées exclusivement d'aliments de même nature, l'examen chimique comparé des déjections de l'animal dans ces deux états, fourniraient des renseignements à l'aide desquels on pourrait déterminer, avec une certaine probabilité, le supplément de dépense réelle de principes nutritifs occasionné par les efforts qu'a dû faire l'animal pour exécuter le travail qu'on a exigé de lui.

C'est ainsi que M. Boussingault a été conduit à admettre que pour un cheval de trait de 500 à 550 kilogrammes, occupé huit ou dix heures par jour, il faut une ration quotidienne totale qui contienne au moins 155 grammes d'azote, ou un kilogramme de matières azotées digestives, et environ 3.500 grammes de carbone dans les principes respiratoires.

Pour les animaux de vente, c'est-à-dire ceux qui fournissent différents produits, il y a, outre cette ration d'entretien, celle de production que nous avons déjà établie.

TABLEAU DU RENDEMENT DES CÉRÉALES

EN GRAIN

ESPÈCES DE PLANTES	POIDS DE L'HECTOLITRE EN KIL.	RENDEMENT à l'hectare en hectol.	RENDEMENT A L'HECTARE EN KILOGR.	NOMBRE D'HECTARES	RENDEMENT TOTAL EN HECTOLITRES	RENDEMENT TOTAL EN KILOGR.	PRIX DE L'HECTOLITRE	PRIX DU RENDEMENT A L'HECTARE	PRIX DU RENDEMENT TOTAL	ÉQUIVALENT	VALEUR EN FOIN
Blé....	76	20	1.520	16	320	24.320	18 »	360 »	5.760 »	40	»
Avoine.	47	35	1.645	13 1/2	468	22.207,5	9 »	315 »	4.252 50	52	42.300
Seigle..	72	22	1.584	2 1/2	55	3.960	15 »	330 »	825 »	40	»
Orge...	60	26	1.560	2 1/2	65	3.900	13 50	355 »	877 50	50	7.800

EN PAILLE

ESPÈCES DE PLANTES	RENDEMENT A L'HECTARE EN KILOGR.	NOMBRE D'HECTARES	RENDEMENT TOTAL. EN KILOGR.	PRIX DES 1000 KILOGR.	PRIX TOTAL.	ÉQUIVALENT EN FOIN	VALEUR EN FOIN
Blé..........	5.000	16	80.000	38	3040 »	335	27.235 »
Avoine.......	3.600	13 1/2	48.500	38	1843 »	250	19.440 »
Seigle........	3.500	2 1 2	8.750	62	542 50	Pour liens.	Pour liens.
Orge..........	2.500	2 1 2	9.000	35	315 »	240	2.665 »

SUBSTANCES FOURRAGÈRES

ESPÈCES DE PLANTES	RENDEMENT A L'HECTARE EN KILOGR.	NOMBRE D'HECTARES	RENDEMENT TOTAL. EN KILOGR.	ÉQUIVALENT EN FOIN	VALEUR EN FOIN	OBSERVATIONS	
Betteraves.....	45.000	7	315.000	350	90.000		
Carottes.......	56.000	2	112.000	300	46.667		
Luzerne.......	7.900	34 1/2	272.000	90	302.833		
Foin naturel...	5.500	98	539.000	375	143.763		

Si nous résumons ce que donnent les terres de la ferme en fourrages nous verrons que nous obtenons un produit de :

Paille de blé.................	80.000 kilog.	»
— d'avoine............	48.500	»
— d'orge	9.000	»

Avoine..........................	22.207	5
Orge.	3.900	»
Betteraves............	315.000	»
Carottes.....................	112.000	»
Luzerne.....	272.550	»
Total..........	863.157 kilog.	5

En faisant le total on obtient 863.157 kilog. 500 gr.

Il nous reste encore à évaluer le produit des prairies naturelles : mais cette évaluation est assez variable, surtout lorsque, comme dans mon exploitation, on fait pâturer les prairies naturelles, nous pourrons, cependant, donner quelques chiffres qui sont fournis par la pratique : 5,500 kilog. à l'hectare, soit pour 98 hectares. 539.000 kil. »

Ajoutons à 863.157   5

Donne un total définitif de 1.402.157   5
de matières nutritives pour les animaux.

Il serait facile de régler la nourriture des animaux si toutes les matières qu'on leur donne avaient la même qualité nutritive. Malheureusement, il n'en est pas ainsi, et il faut, pour les rationner, savoir combien telle ou telle nourriture est plus ou moins nutritive que telle ou telle autre. Pour cela, on a établi des tables d'équivalents en prenant pour base le foin de prairie naturelle ou foin normal.

On trouve que le foin normal est estimé	100
La luzerne.	90
Paille de blé.	235
» d'orge	240
» d'avoine	250
Avoine.	52
Orge.	50
Betteraves.	350
Carottes	300

Nous ne comptons par les pommes de terre qui servent à l'alimentation des ouvriers, elles n'entrent que peu dans celle du bétail.

Calculons par équivalents ce que les plantes cultivées comme nourriture donnent d'éléments nutritifs, nous avons :

80.000 kilogrammes de paille de blé ayant un équivalent de 2⁵5 donnent comme valeur en foin 32.235 kilogrammes.

48.500 kilog.	» d'avoine	en foin.	19.440 kilog.	
6.250	» d'orge	»	2.605	»
22.207 5	» d'avoine	»	42.390	»
3.900	» d'orge	»	7.800	»
315.000	» de betteraves	»	90.000	»
112.0 0	» de carottes	»	46.667	»
272.550	» de luzerne	»	302.833	»
539.000	» de fourrages naturels	»	143.763	»

En additionnant les chiffres de la valeur nutritive des plantes, nous aurons un total de. . . 632.643 kilog. matières nutritives.

Pour trouver le nombre de bétail que l'on peut nourrir avec cette quantité d'aliments, il faut admettre par les auteurs qu'il faut que les animaux consomment 1 30 de leur poids en nourriture et une tête de bétail est généralement calculée sur le poids moyen d'un animal de 450 kilog.

Il suffit donc de diviser 450, poids de l'animal, par 30 pour avoir la quantité d'aliments à consommer 450/30 = 15 kilog. par jour de foin ou de quantité de nourriture équivalente.

En multipliant 15 kilog. par le nombre de journées contenues dans une année, on aura la quantité consommée par chaque bétail en un an 15 × 365 = 5.475 kilogrammes.

Or, en divisant la quantité d'aliments que me produit mon assolement par la quantité de nourriture donnée à un animal, on aura le nombre de têtes de bétail que l'on peut entretenir 682.643/5.475 = 124 têtes de bétail. Ces chiffres seraient exacts si l'on ne tenait pas compte de la litière qu'il faut donner aux animaux et si toute la paille passait par leur corps ; mais il n'en est rien, et je suis obligé de prendre pour mes litières la moitié de la paille produite par les terres de l'exploitation, ce qui me donne pour 118.850 kilog, de

paille divisé par 2 = 59.425 kilog.; retranchant ce chiffre de
632.643, nous aurons 623.218.5475 = 114, en forçant, de têtes de
bétail ou pour une étendue de 126 hectares 126/114. Une tête de
bétail 10,100 ou 1/10.

QUANTITÉ DE FUMIER NÉCESSAIRE POUR SOUTENIR L'ASSOLEMENT

Mon assolement nécessite une assez grande mise d'engrais,
pour pouvoir donner un produit élevé, qui seul maintenant peut
donner des bénéfices.

Dans toute culture, il faut se souvenir de la loi de restitution,
qui demande que l'on donne au sol ce qu'on lui a enlevé. En
effet, les plantes en venant sur un terrain y puisent des principes
utiles à leur végétation, et il faut savoir rendre à la terre ce qui
lui a été pris.

Il faut aussi examiner la faculté épuisante des plantes qui, en
effet, n'épuisent pas la terre au même degré. Les unes lui enlè-
vent une très faible quantité de matières organiques, les autres,
en y puisant une très forte proportion de matières nutritives,
diminuent d'une manière notable sa richesse et sa fécondité. Suivant Thoer l'épuisement occasionné par les plantes serait proportionnel à la quantité de substances contenues dans les produits
qu'elles donnent.

Cette loi n'est pas exacte, il y a des plantes comme celles que
l'on nomme fourragères qui donnent un grand rendement et qui
sont moins épuisantes que les plan es industrielles, dont les produits à l'état vert sont bien moins élevés.

Certains auteurs ont donné des chiffres pour montrer ce que
chaque plante exigeait de fumier pour produire une quantité de
grains.

Ainsi pour 100 kilog. de blé, de Woght dit qu'il faut :

	797 kilog. de fumier.	
Burger................	1.333	»
Nivière................	1.000	»
Kreissing..............	1.176	»
Thoër.....	1.428	»
De Gasparin......	2.197	»
Total... ...	7.921 kilog. de fumier.	
La moyenne est de.....	1.322	»

Mais ces chiffres sont trop élevés pour qu'ils soient vrais et pratiques, et l'on pourra dire, avec M. Heuze, pour certaines plantes cultivées dans une exploitation, ce qu'elles exigent comme fumier.

PLANTES CÉRÉALES

	Par 100 kilog. de pain.	Par hectolitre de grain.
Blé...........	640 kilog.	500 kilog.
Seigle.........	630 »	460 »
Avoine	600 »	300 »
Orge.........	560 »	350 »

PLANTES FOURRAGÈRES
PAR 100 KIL. DE TUBERCULES

Betteraves..............	651 kil. de fumier.
Pommes de terre........	75 »
Carottes	60 »
	Par 100 kilog. de fourrage sec.
Luzerne................	600 kilog. de fumier.

D'après le nombre de kilog. de fumier qu'il faut par 100 kilog. il me sera facile de savoir ce que j'ai besoin de fumier pour mes terres.

SUBSTANCES	QUANTITÉ EN GRAIN	RÉCOLTE TOTALE EN PAILLE	QUANTITÉ DE FUMIER NÉCESSAIRE
	Kilogrammes	Kilogrammes	Kilogrammes
Blé	24.320	6.500 »	120.000
Avoine.	22.707 5	48.000 »	106.000 »
Seigle	3.960 »	8.850 »	20.000 »
Orge	3.900 »	6.250 »	18.000 »
Betteraves.	115.000 »	»	205.000 »
Pommes de terre .	35.000 »	»	30.000 »
Carottes	112.000 »	»	80.000 »
		Total	579.515 »

Je ne compte pas le fumier pour les luzernes puisqu'il reste du fumier dans le sol et que la dernière coupe est pâturée, ce qui équivaut à une fumure.

QUANTITÉ DE FUMIER PRODUIT PAR LES ANIMAUX

Après avoir vu ce que mon assolement exigeait, nous verrons ce que mes animaux me fournissent comme fumier.

Lorsque les animaux consomment des aliments, ils ne rendent pas toutes les substances que la plante contenait ; de plus, la quantité de fumier produit par une certaine quantité de fourrage donné dépend :

1° de l'espèce d'animaux qui le consomment ;

2° de la manière dont ils seront nourris, abondamment ou avec parcimonie ;

3° de la nature des aliments ;

4° de l'abondance et de la nature des autres produits qui auraient pris naissance dans l'organisme aux dépens des aliments ;

5° de l'abondance des litières fournies aux animaux. Suivant M. Heuzé, connaissant le poids total de la nourriture sèche consommée par un animal, on pourra calculer le fumier qui en proviendra, considéré à l'état humide et frais, en multipliant le poids de la nourriture sèche par 1. 2 pour les bêtes à laine :

Par. .... 1 5 le cheval;
Par............... 1 5 le bœuf :
Par............... 2 5 la vache laitière :
Par............... 2 5 le porc.

L'ensemble des expériences entreprises jusqu'à ce jour pour élucider cette question semblait avoir conduit à ce résultat qu'en moyenne, dans une exploitation rurale, pour avoir la quantité produite par le bétail, il suffira de multiplier par 2 2 le poids de la nourriture (litière comprise), transformée par le calcul en foin normal.

Suivant toute vraisemblance, c'est cet accroissement du poids acquis par les fourrages, en passant par le corps des animaux qui a pu induire en erreur beaucoup de personnes et leur faire croire à un accroissement possible de pouvoir fertilisant.

Mais l'emploi de la balance et un examen plus attentif des aliments d'une part, et de l'autre, une étude plus complète des principes constitutifs des fumiers qui en proviennent sont venus faire justice de ces exagérations et prévenir les fâcheuses conséquences qui en auraient pu résulter.

L'eau figure, en effet, pour la plus grande partie, dans l'accroissement du poids des litières, sous l'influence de l'ambition des urines rendues par les animaux ; or, il résulte d'expériences faites à Merckviller, qu'en employant de l'eau seulement pour mouiller les litières, après vingt-quatre heures d'imbibition.

100 kilog. de paille d'orge ont retenu 285 kilog. d'eau.
—   d'avoine   —   228   —
—   de froment —   220   —

M. Block calcule que le fumier à l'état sec qu'on obtient d'une quantité d'aliments, selon lui, 100 kilog. de foin ou de paille consommés comme aliments produisent 44 kilog. de fumier à l'état sec ; 100 kilog. de pommes de terre, 44 kilog. de fumier 100 kilog. de paille 95. Il multiplie ensuite les nombres obtenus par 4 pour évaluer en fumier ordinaire de bêtes à cornes modérément fermenté et contenant 75 0.0 d'humidité.

Son multiplicateur est donc pour les aliments secs : 1,75 et pour la litière, 8, 8.

Mathieu de Dombasle dit que chaque 100 kilog. de foin consommé par des chevaux de trait a donné à Roville environ 222 kil. de fumier, c'est-à-dire, 2, 22 pour 1 kilog. de fourrage.

Kreissig regardait comme positif que 100 kilog. de fourrages secs, moitié foin et moitié paille, donnent, quand la moitié de la paille est employée en litière, 220 kilog. de fumier.

Schiverz dit que 100 kilog. de nourriture sèche donnent 175 kil. de fumier. Pour la paille, qui, elle, n'abandonne presque rien à l'animal. comme son tissu poreux et le vide qu'elle présente. la rendent propre à absorber plus de liquide qu'un aliment mâché et digéré. il dit que 100 kilog. de paille doivent donner 200 kilog. de fumier.

Le multiplicateur des substances alimentaires réduites à l'état sec est donc 1.75, et celui de la paille, le nombre 2.

Le système de Schiverz est celui qu'on adopte le plus généralement.

Quant à M. Heuzé, il dit que les quantités de fumier sur lesquelles on peut compter sont les suivantes :

Si cet engrais est bien récolté et conservé avec soin dans des fosses ou sur des plates-formes pendant trois à quatre mois seulement.

PAILLES EMPLOYÉES COMME LITIÈRES.

100 kilog. de paille de froment donnent 160 kilog. de fumier.
— d'avoine — 160 —
— d'orge — 160 —

Grains.

100 kilog. de paille d'avoine donnent.   320 kilog. de fumier.
—   d'orge   —   320   —

Racines et tubercules.

100 kilog. de paille de betteraves donnent   35 kilog. de fumier.
—   carottes   —   30   —

Plantes fourragères par 100 kilog. à l'état vert par 100 kilog. à l'état sec

Prairies naturelles.....   45   150
Luzerne..............   45   150

Avec ces chiffres, nous pourrons transformer les plantes cultivées sur la ferme, en ce qu'elles donneront en fumier lorsqu'on
les fera consommer par les animaux.

DÉSIGNATION	QUANTITÉ DE PLANTES RÉCOLTÉES	FUMIER
Avoine	22.707 kil. 5	70.387 kil. 200
Orge.	3.900 »	12.480 »
Paille de blé	80.000 »	110.400 »
— d'avoine.	48.600 »	77.760 »
— d'orge	6.250 »	10.000 »
Betteraves	315.000 »	110.250 »
Carottes	112.000 »	42.000 »
Luzerne (état vert) . . .	272.550 »	122.047 »
— (état sec). . . .		

DU TRAVAIL

Nous avons déjà vu les agents qui concourent à la production du
travail dans l'exploitation, ce sont: *L'homme et les animaux.*

Les ouvriers sont à la tâche, à la journée ou à l'année: à la
tâche lorsqu'il s'agit de faire des travaux pressants et dont on peut

évaluer facilement la quantité comme la récolte d'un champ ; à la journée lorsque l'estimation du travail est assez difficile. Ceux qui sont à l'année comprennent les ouvriers dont l'exploitation ne peut se passer et dont elle a toujours besoin comme les charretiers, bouviers, hommes de cour.

NOMBRE D'OUVRIERS NÉCESSAIRES A L'EXPLOITATION

2 charretiers pour 8 chevaux ;
1 bouvier et 1 aide pour 8 bœufs ;
2 bouviers pour 40 bœufs à l'engrais ;
1 femme pour faire la cuisine et nourrir les porcs ;
3 hommes de cour ;
1 homme pour l'entretien des prairies.

Voici la quantité de travail qu'on peut exiger par personne de dix à douze heures d'un ouvrier valide, intelligent et convenablement payé.

Semis à la volée des céréales, 3 hectares à 3 hectares 75 ares.
Semis à la volée de luzerne. 3 hectares 75 à 4 hectares 50 ares ;
Arrachage des betteraves, 8 hectares à 10 ares ;
Binage des betteraves 10 à 15 ares ;
Fauchage de prairies artificielles, 50 à 60 ares ;
Fanage des prairies ordinaires, 35 à 40 ares ;
Bottelage à 3 liens, 300 à 400 bottes ;
Bottelage à 1 lien, 500 à 600 bottes ;
Moisson à la faux, 40 à 60 ares ;
Liage des gerbes. 500 à 700 gerbes ;
1 homme charge de 80 à 100 quintaux de fumier ;
1 homme épand de 80 à 100 quintaux de fumier.

TRAVAUX DES ATTELAGES

	40 ares	25 ares
Sol compact.	40 ares	25 —
— moyen	50 —	33 —
— léger.....................	60 —	40 —
Extirpateur à 5 socs et avec des chevaux...		150 —
Hersages sur un sol labouré.........................		200 —
— sur un semis.............................		150 —
— sur un sol argileux.......		125 —
— sur un sol moyen.........................		200 —
— sur un sol léger..........................		300 —
On peut rouler avec un rouleau uni ayant 1 m. 50 de long.		400 —
— 2 » de long.		600 —
Une houe à cheval trainée par un seul cheval permet de biner...................................		150 —

1 charriot ordinaire ou une charrette trainée par 2 chevaux, transporte à chaque voyage 200 bottes ou 1.000 kilog. de foin ;

90 à 100 gerbes de blé ou de seigle pesant chacun 10 à 15 kilog.

1,000 kilog. ou 1 mètre cube 1/4 de fumier consommé :

1 cheval traine sur route en bon état de 700 à 1000 kilog. de denrées agricoles ;

On peut transporter dans une voiture trainée par 3 ou 4 chevaux :

30 à 40 hectolitres de froment ;

40 à 50 hectolitres de seigle ;

50 à 60 hectolitres d'avoine ;

1 cheval à 1 râteau ramasse les foins de 3 hectares ;

2 chevaux à la faucheuse coupent 3 hectares ;

2 chevaux à la moissonneuse, 2 hectares ;

2 chevaux à la machine à battre, battent 60 hectolitres.

DU MATÉRIEL

Avoir un bon matériel bien choisi. et qui réponde aux exigences de l'exploitation, est une chose assez difficile à faire, parce qu'il faut se garder souvent d'acheter des instruments perfectionnés qui vous éblouissent lorsqu'on les voit, et dès qu'on les possède, l'on voit malheureusement trop souvent qu'ils ne sont pas meilleurs que d'autres.

Le défaut aussi d'un agriculteur commençant, est d'acheter trop d'instruments dans l'espoir de diminuer les frais de la main-d'œuvre ; mais il augmente ainsi son capital d'exploitation, et l'expérience ne tarde pas à lui apprendre que l'argent employé ainsi est la plupart du temps perdu. Ce n'est pas à dire, cependant qu'il faille rejeter sans examen toute innovation ; mais l'introduction doit en être faite avec la plus grande circonspection.

Celui qui voudra la tenter devra s'attendre à de nombreuses difficultés.

Les instruments aratoires qu'il est nécessaire d'avoir sont plus ou moins nombreux, selon l'étendue de l'exploitation qu'on dirige et le système de culture qu'on veut suivre.

D'un autre côté, ces machines sont plus ou moins variées, suivant la nature des terres qu'on doit cultiver et l'assolement qu'on a choisi.

Si l'on veut réussir, on ne doit pas engager inutilement et même avec perte des capitaux considérables ; il faut, au début, n'acheter que les instruments, les appareils et les machines dont on a généralement et réellement besoin. Les autres instruments et machines seront introduits sur le domaine quand la nécessité l'exigera.

Ce qu'il faut surtout examiner, c'est à s'attacher à avoir des instruments simples, solides et d'une conduite facile.

Dans mon exploitation, je m'attacherai à avoir le moins d'instruments possibles, quoique la main-d'œuvre soit chère et que je fasse deux systèmes de culture ; ceux que j'aurai seront :

3 Brabants Bajac ;

2 herses en fer ;

2 herses en bois ;

1 extirpateur;

1 rouleau en fonte;

1 rouleau en bois;

1 houe à cheval ;

1 batteur de pommes de terre;

2 faucheuses Albaret, dites persévérantes

1 rateau à cheval ;

1 semoir Schmith ;

1 machine à battre Albaret.

LES ANIMAUX

Une ferme sans bétail
Est une cloche sans batail.

JACQUES BUJAULT.

L'on a longtemps dit qu'en agriculture, le bétail était un mal nécessaire ; ce principe que certains ont voulu poser est pourtant faux. En effet, que ferions-nous sans animaux, maintenant, où les autres cultures donnent peu de bénéfices et même mettent en perte ?

Il nous faut du bétail pour rendre à la terre ce que les plantes lui ont enlevé pour qu'elle nous donne encore de riches récoltes; on pourrait cependant s'en passer, lorsqu'on est placé près des villes parce que toutes les denrées peuvent y être transportées et qu'on en ramène des engrais.

Examinons maintenant les différentes catégories d'animaux que renferme mon exploitation.

ÉCURIE

Me livrant à la spéculation de l'élevage, je cultive mes terres d'ailleurs peu difficiles à travailler avec des juments qui peuvent me donner des poulains tout en faisant mes travaux de culture.

Les animaux de culture employés sont, comme nous le savons déjà, de race percheronne et de race demi-sang anglo-normande. Voulant obtenir de beaux produits, je m'attache à avoir des juments bien conformées, pouvant seules donner ces produits.

Quant aux étalons, j'ai le choix à la station de Rouen, où tous les ans, douze beaux animaux viennent faire la monte ; au moyen de reproductions choisies, je m'efforcerai de produire le demi-sang un peu fort, qui est un animal de service et attelle brillamment le cabriolet.

Les chevaux dans la ferme du Becquet sont l'objet de soins assidus et les premiers qu'on leur prodigue sont de leur donner une nourriture saine et en rapport avec le travail et les produits qu'ils donnent.

Les aliments qu'on leur donne sont : l'avoine, le foin vert ou sec, le son ou les carottes.

Voici la quantité qui est allouée à chaque animal.

RATIONS D'ÉTÉ

Jours de travail.	—	Jours de repos.
Fourrage vert	30 kilog.	30 kilog. 500
Avoine.	4 —	2 —
Paille..	3 —	3 —
Son.	0 — 500	0 —

RATIONS D'HIVER

Jours de travail.		Jours de repos.
Foin	80 kilog.	80 kilog.
Avoine.	3 —	1 —
Paille.	3 —	3 —
Carottes.	4 —	4 —
Son.	0 — 300	0 — 500

Avec cette ration, les animaux peuvent se soutenir toujours en bon état tout en donnant leur travail.

LA BOUVERIE

La spéculation principale de la ferme étant l'engraissement du bœuf, l'exploitation comptera sur son sol beaucoup de ces animaux.

Le bœuf est l'animal qui a le plus de valeur et qui se plie le mieux aux exigences diverses de la terre.

Il fournit un travail qui est plus économique que celui de n'importe quelle bête ; il coûte moins cher d'acquisition que le cheval et est sujet à moins d'accidents ; il gagne plutôt de valeur à mesure qu'il avance en âge ; il demande aussi moins de frais de harnachement, puisqu'un joug double suffit pour son attelage.

Les races que j'adopterai seront les normandes pour l'engraissement et huit bœufs de race charolaise pour le travail.

J'ai pris cette race parce qu'elle est travailleuse, grande, forte, rustique.

Ces animaux sont blancs ou café au lait clair ; leur mufle est large, rosé, les naseaux bien ouverts, les lèvres épaisses, la bouche moyenne, les oreilles petites, minces et peu fournies, œil grand et ouvert, physionomie douce et calme.

Le repli de la peau, partant du menton et formant sous la gorge un fanon onduleux, s'arrête à la naissance du col et ne se prolonge point de long au bord inférieur du sternum comme dans la plupart des races françaises améliorées : cornes nuancées d'ivoire, souvent verdâtres à leur pointe chez les sujets les moins fins ; peau épaisse mais souple, à poil rare, fin et brillant ; encolure courte, épaisse, toujours renflée, chez le taureau ; taille 1 mét. 45 en moyenne, corps ample, membres courts, squelette relativement peu volumineux ; culotte très prononcée, formant une courbe très accentuée en arrière, croupe longue, queue implantée

26

bas, très large à sa base, noyée entre les ischions, courte et effilée, terminée par un fouet de crin fin.

Cette race est précoce, sobre, et ils atteignent un fort poids par l'engraissement.

Mes bœufs de travail étant placés dans la bouverie d'engraissement reçoivent la même nourriture que ceux à l'engrais, c'est-à-dire : foin ou autres fourrages, 8 kilogrammes ; paille, 3 kilogrammes ; racines, 25 kilogrammes.

Foin ou autres fourrages.	8 kilog.
Paille.	3 —
Racines.	25 —

Mes bœufs n'étant pas trop fatigués par les travaux se maintiendront toujours en chair, et lorsque je les réformerai au bout d'un ou deux ans, ils seront dans d'excellentes conditions pour s'engraisser vite.

VACHERIE

La vacherie à la ferme du Becquet n'a que peu d'importance puisqu'elle ne renferme que cinq animaux dont le lait est consommé dans la ferme soit en nature, soit en beurre ; un peu est vendu dans le pays.

La race que j'ai adoptée est la race du pays ou normande ; elle me donne un lait excellent et très butyreux. La durée de la lactation est de 250 jours pendant lesquels les vaches me donnent en moyenne par an 14.000 litres de lait.

PORCHERIE.

« Propre ou non.
« Tout engraisse le cochon. »

Le porc est un animal utilisant tous les produits que laissent les autres animaux. Dans la ferme, il est indispensable d'en avoir.

Ceux que j'ai dans mon exploitation sont de race normande pure ou un peu croisée avec la race anglaise qui leur donne de la précocité.

Je ne fais pas l'élevage, j'achète de jeunes porcelets maigres que j'engraisse dans la ferme et qui y sont tués pour servir à l'alimentation de l'exploitation.

Comme nourriture, ils reçoivent des pommes de terre cuites, du petit lait, de la farine d'orge ou de l'orge en nature et les eaux de cuisine : de plus, on leur donne des racines pour les rafraîchir.

Voici la ration qui leur est allouée à chacun :

Pommes de terre...............	3 kilog.	
Carottes ou betteraves..........	0	500
Farine d'orge...................	1	»
Eaux grasses et petit lait........	9	»

BASSE-COUR

> « Une ferme sans volaille est triste
> « comme un château abandonné. »

Dans toute ferme bien entendue on doit trouver des volailles qui utilisent tout ce qui est perdu ; elles ramassent les grains tombés ou détruisent les insectes.

L'élevage bien compris des volailles peut donner un certain bénéfice qui n'est pas à dédaigner. La poule par ses œufs et sa chair donne par la vente ou la consommation un produit rémunérateur, puisque souvent elle rapporte plus qu'elle n'a coûté à élever.

La race que j'ai à la ferme du Becquet est la Pavilly, poule rustique, bien acclimatée, bonne pondeuse, et donnant d'assez forts morceaux.

Le canard qui, comme le porc, utilise tout, donne, lui surtout, des bénéfices. La race adoptée est le canard de Rouen.

Enfin, l'on trouve encore les oies, les dindons, les pigeons et les lapins élevés sur une grande échelle pour être expédiés gras à Rouen.

CULTURE SPÉCIALE

Sous ce titre, nous examinerons les cultures qui sont propres à une exploitation : celles que l'on fait en dehors des rotations et qui donnent des bénéfices. Celle que j'exécute à la ferme du Becquet, est la culture du peuplier pour le vendre aux fonderies, qui s'en servent comme bois à brûler pour allumer leurs fours.

Ils préfèrent le peuplier parce que le bois est léger, qu'il brûle bien en donnant la flamme.

Les endroits que j'utilise pour cette culture sont les ilots formés dans la rivière, les berges et les avenues.

Voici la manière dont on procède pour faire cette culture :

On emploie le moyen de boutures pour effectuer la plantation parce que le peuplier reprend très facilement. Les boutures sont plantées dans une pépinière ; là elles restent 3 ans. Elles se développent au bout de ce temps.

On les plante soit en quinconce tous les 1 mèt. 10 dans les endroits frais et cultivés. Les arbres croissent et restent jusqu'a ce qu'on les abatte pour la vente.

Dans les avenues on les plante sur quatre rangs, les numéros 1 et 2 des rangées sont plus âgés que les numéros 3 et 4 de la même rangée et ils seront abattus avant. De cette manière, les arbres se remplacent.

La variété de peuplier que je plante est le peuplier d'Italie ou pyramidal, qui s'élève à 35 ou 40 mètres de hauteur, et dont les branches sont serrées contre le tronc.

JARDIN

Dans presque aucune partie de la France, on ne trouve dans les exploitations rurales un jardin suffisant pour la consommation du ménage ; presque partout, un petit carré de terre est à peine consacré à la culture des plantes potagères les plus grossières, et ordinairement les espèces les plus mal choisies ; encore cette culture est si mal entendue et si peu dirigée et soignée, qu'on ne tire de ce chétif jardin qu'une très petite partie du produit qu'on pourrait en attendre.

Des arbres à fruits en petit nombre, lorsqu'il y en a, et presque toujours des espèces de la qualité la moins recommandable.

Cependant, rien ne contribue davantage au bien-être des familles et à l'entretien de la santé, dans toute la population d'une ferme, que cette abondance de légumes qu'il est facile de se procurer pendant tout le cours de l'année ; et la dépense qu'entraine cette production est si petite, un potager bien soigné produit une telle masse de substances alimentaires que, sous le rapport de l'économie dans l'entretien du ménage, un jardin est aussi utile et aussi profitable qu'il est favorable au développement du bien-être et de la santé.

Dans la classe des hommes employés à la culture de la terre, je ne doute pas que beaucoup de cultivateurs ne regardent comme une espèce de luxe, de consacrer un demi-arpent ou un arpent de leurs meilleures terres, à la formation d'un jardin potager ; mais avec un peu plus d'expérience sur cette matière, ils s'apercevront bientôt que cet arpent leur rapporte réellement autant que trois ou quatre arpents de leurs récoltes les plus lucratives, tout ce que leur famille ou leurs gens consommeront en légumes sera autant de diminué sur la consommation du pain, consommation si énorme qu'elle est presque incroyable dans les fermes, où la table n'est pas couverte d'une grande abondance de légumes.

De plus, dans les fermes toutes les plantes se trouvent pêle-mêle, ce qui ne doit pas exister dans une exploitation bien tenue.

Nous diviserons notre jardin en plusieurs parties pour en faciliter l'étude et nous aurons :

1º Un jardin fruitier ;

2º Un jardin potager :

3º Un jardin d'agrément

JARDIN FRUITIER

Le jardin fruitier forme la première partie où l'on ne met que des arbres fruitiers. A la ferme du Becquet, il existe un jardin qui se compose d'un terrain où sont les arbres fruitiers, les légumes et les fleurs et je n'aurai pas besoin d'en créer un.

Examinons la manière dont il est composé.

EMPLACEMENT. — ÉTENDUE

Mon jardin n'est pas battu par les vents parce qu'il se trouve non loin d'une colline qui coupe les grands vents. Le sol est plat, ayant une légère pente pour l'écoulement des eaux.

La terre où le jardin a été créé est argilo-calcaire, profonde et perméable. L'étendue de mon jardin fruitier est de 30 ares.

Murs. — Les murs dans un jardin ont une grande influence sur les plantes suivant qu'ils sont placés de telle ou telle manière ; l'on s'arrange de manière à ce que l'angle des murs regarde les quatre points cardinaux.

Les murs auront 3 m. 20 au-dessus du sol naturel ; mais ils ne seront élevés que de trois mètres à cause de la costière qui est de 0 m. 20 plus haut que le niveau des allées ; leur épaisseur sera de

0 m. 35 à 0.40 centimètres ; les matériaux qu'on emploiera seront les briques qui seront recrépies en plâtre. Ces murs seront recouverts de tuiles à emboîtement dites de Montcharrain ; on fera bien attention lorsqu'on recouvrira les murs à ce qu'il ne reste pas d'espace entre le sommet du mur et le chaperon. parce que ce sont autant de repaires pour les animaux nuisibles et les insectes.

L'épaisseur de plâtre que l'on doit mettre pour recrépir les murs lorsque l'on doit palisser les arbres, est de 0 m.25 à 0 m.030 millimètres.

Les treillages en bois que l'on mettait autrefois contre les murs doivent être rejetés parce qu'ils écartent les arbres de l'abri du mur, de plus ils coûtent cher et servent d'abri aux insectes.

C'est le treillage en fil de fer, corde galvanisée, n°, (système Louet) de première qualité, qui est le préférable à tous les autres systèmes.

Ce fil de fer se compose de 9 petits fils de fer tordus entre eux en trois parties. Les 100 mètres pèsent 4 kilogrammes et se vendent 1 franc 80 c. le kilog. Les fils seront placés horizontalement puisqu'au moyen de baguettes on peut obtenir toutes les formes.

Le premier fil sera à 0 m.35 centimètres du sol, et le dernier en haut du mur à 0 m. 12 sous le larmier et les autres intermédiaires seront espacés les uns des autres de 0 m. 22 centimètres. Ces fils sont tenus à l'angle du mur par des pitons à trous et à scellement en fer galvanisé, et tous les 5 à 6 mètres de petits pitons galvanisés à queue les supportent.

Chaque fil est tendu au moyen d'un raidisseur à queue, système Thiry, que l'on serre au moyen d'une clef. Tous les 12 mètres, on élève des murs de refend qui servent à l'établissement de ces fils à retenir la chaleur.

ENGRAIS. — AMENDEMENT. — DÉFONÇAGE

Une des conditions de bonne réussite pour les plantes, c'est qu'elles doivent se trouver sur une terre riche qui puisse leur fournir des principes assimilables; il faut aussi qu'elle soit meuble pour que les agents atmosphériques puissent la traverser.

L'engrais que l'on mettra devra être enfoui assez profondément pour que les racines des arbres puissent se nourrir dans ce fumier.

DISTRIBUTION DU JARDIN FRUITIER

Après avoir parlé de la création du jardin fruitier, parlons de sa distribution.

Le jardin est divisé en carrés par les murs de refend et nous obtenons six carrés que je divise ainsi :

Carré n° 1. Tout le long du mur, on laisse une costière ou plate-bande d'un mètre qui est utile pour les travaux d'espalier.

Après cette costière, on trace une plate-bande de 0 m. 65 centimètres, sur cette plate-bande, on met une ligne simple de fil de fer galvanisé. Ces fils seront portés à chaque extrémité par des barres entonnoirs galvanisés en S renversé (système Thiry) inclinées à 45° sur deux briques, où elles seront retenues au moyen d'une grosse pierre enterrée a 0 m. 40 ou 0 m. 60 centimètres qui fera contre-poids.

Les fils de ce cordon seront à 1 m. 30 de l'espalier et au nombre de trois, le premier à 0 m. 35 du sol de la plate-bande, les deux autres a 0 m. 25 chacun, ce qui donne 0 m. 85 d'élévation.

Après la plate, une allée de deux mètres pour les besoins du jardin. Puis une plate-bande de trois mètres où l'on établira au milieu une ligne double de contre-espaliers (système Tourin) de chaque côté du contre-espalier à 1 mètre, on établit deux cordons doubles à trois fils superposés.

Carré II. — La plate-bande du milieu utilisée par trois ou quatre lignes de fuseaux, la première à 60 centimètres de l'allée et les autres à 1 mètre entre elles.

Carré III. — On utilisera les côtés de la plate-bande qui seront garnis de pommiers en cordons et de groseilliers. La grande plate-bande sera couverte par des framboisiers, suivant la méthode hollandaise.

Carré IV. — Un cordon de pommiers ou de groseilliers de chaque côté de la plate-bande. Le milieu sera occupé par les figuiers, les cerisiers et les pruniers.

Carré V. — Bordure circulaire de cassis, au centre de la plate-bande, des cognassiers, des néfliers.

Carré VI. Ce dernier carré sera planté en pommiers demi-tige dirigés en gobelet.

Ce que nous pourrons appeler le sans bois, c'est-à-dire le sol, sera planté en fraisiers, qui donnent un grand produit, tout en donnant de la fraicheur au sol.

JARDIN POTAGER

Le jardin potager d'une contenance de 85 ares peut se diviser ainsi :

50 ares soumis à un assolement suivi ;

25 ares cultivés en artichauts ;

10 ares en asperges.

L'assolement que l'on suivra dans ce jardin sera l'assolement quadriennal, qui répond le mieux aux besoins d'une exploitation.

Voici comme il se répartira sur chaque sole.

1re année: couches et pépinières;

2e — pommes de terre, choux, laitues, épinards ;

27

3ᵉ   année : radis, carottes, navets, oignons, poireaux ;

4ᵉ   —   haricots, fèves, pois et porte-graines.

PREMIERE SOLE

La première sole comprend les couches où l'on fait les primeurs et où l'on élève les plants pour repiquer dans le jardin.

Les couches tièdes doivent donner 12 à 15 degrés de température ; on les fait du 15 janvier jusqu'en fin février, sur un sol bien nivelé, mais non creusé.

Pour les construire, on commence par amener du fumier et des feuilles que l'on mélange parfaitement.

La couche arrosée légèrement, est piétinée fortement et elle doit avoir une hauteur de 30 à 35 centimètres.

Les couches seront placées sur trois rangs, celles du premier rang seraient recouvertes d'un châssis et d'un paillasson : elles serviront à faire les primeurs. Le 2ᵉ rang sera à ciel ouvert, mais on mettra des cloches ; ce sera pour les légumes de deuxième saison ; le 3ᵉ rang à ciel ouvert pour les légumes de troisième saison.

Lorsque ces couches sont ainsi préparées, on peut y cultiver différents légumes ; ainsi, sur le premier châssis, un y cultive la pomme de terre Marjolin de cette façon : on dépose de 15 à 18 centimètres de terre mélangée de sable ou de cendres de bois (pas de terreau), puis on sème des radis demi-longs hâtifs à bout blanc, à raison quinze grammes par châssis ; on enterre la graine avec un râteau ou une fourche, puis on bassine, on ferme le châssis et l'on met le paillasson.

Lorsque les cotylédons veulent sortir, on enlève le paillasson pendant le jour. Les radis levés, on plante 16 tubercules de pommes de terre par 1 m. 30 dans les radis ; ceux-ci enlevés, on butte et on pince la pomme de terre.

La deuxième couche qui n'a pas de châssis est traitée de la manière suivante :

On fait des torsades de la grosseur du bras avec du fumier et du foin que l'on met autour de la couche en forme de cadre qui servent à maintenir la terre que l'on met après.

Après avoir nivelé le sol, on sème les radis demi-longs écarlat que l'on recouvre de cloches en quinconce ; de cette manière, les uns sont couverts, les autres ne le sont pas, d'où deux saisons.

Puis on place sous chaque cloche un tubercule de pomme de terre avec deux ou trois pieds de laitue Gotte.

Les couches du troisième rang sont semblables à cette dernière ; mais au lieu de cloches, on met des baguettes pliées en cercle qui servent à soutenir les paillassons qui doivent hâter la germination.

Sur ces couches, on y sème les mêmes graines que sur les autres pour obtenir une troisième saison.

Au mois d'avril, lorsque les couches ont donné tous leurs produits, on ramène le fumier en mamelons sur les sentiers et on obtient des buttes sur lesquelles sont plantés les melons sous cloches tous les 70 centimètres ; quand les melons ont acquis une certaine grosseur, on intercale des choux-fleurs et plus tard des chicorées.

On fait sur ces mêmes couches d'autres semis. Dans la couche à châssis on remplace la terre par du terreau ; on y sème des carottes grelot et des radis, on arrose, on place les châssis sur la couche à cloche, on sème des carottes nantaises un peu moins hâtives pour faire la production et des radis écarlates.

Avec les carottes on peut semer de petits légumes pour la plantation de printemps, comme les choux de Milan, frisé d'Ulm, Meaux de Schiveinfurth, choux-fleurs géants. Quand on les a arrachés et repiqués, on en sème d'autres pour en avoir toujours.

On sème encore dans les carottes des laitues palatines, des laitues rousses hollandaises, la laitue grosse normande, la reine des laitues. Les petits plants sont repiqués quand ils sont bons.

DEUXIÈME SOLE

Le carré a été fumé par le passage des couches, c'est lui qui renferme les pommes de terre.

Le carré a dû être bêché en décembre, janvier. On donne un coup de bident avant la plantation et l'on plante en avril les variétés suivantes : Quarantaine de la halle, bresses prolifie, redskinus.

Après la plantation on donne un coup de râteau pour niveler et l'on sème des radis qui sont bons à manger six semaines après ; dès qu'ils sont enlevés, on butte les pommes de terre. Arrivé en juin, on plante des choux Milan des Vertus entre les lignes. On butte les choux à mesure que les pommes de terre sont enlevées et l'on repique les laitues.

TROISIÈME SOLE

Cette sole comprend les plantations de radis, de carottes, de navets, de poireaux et d'oignons.

QUATRIÈME SOLE

Un carré de haricots, de pois et de fèves : c'est aussi dans ce carré que se font les porte-graines.

(CULTURE HORS ROTATION)

ARTICHAUTS

L'artichaut est une plante vivace de la famille des composées. Son nom botanique est Sinara scobinus. Il est originaire de l'Europe méridionale.

Les variétés préférées sont :

L'artichaut vert de Laon ;

Le gros camus de Roscoffon de Bretagne.

Cette plante se multiplie par graine, par les amateurs, en vue d'obtenir de nouvelles variétés. Le meilleur mode est par œilletons.

L'artichaut pour réussir exige une terre bien travaillée, riche et fumée déjà depuis longtemps. La terre doit être défoncée assez profondément.

On plante, dans notre contrée, les artichauts en avril, en lignes espacées de tous côtés de 0 m. 80 centimètres.

C'est à peine si l'artichaut résiste à 7 ou 8 degrés de froid, en novembre, donc avant les grands froids, on commence par couper les grandes feuilles qui retombent de côté. Si le carré est sale, on donne une légère façon à la terre, puis, on butte en faisant les lignes de buttage du nord au sud. Ce buttage monte jusqu'à peu près à la moitié des tiges.

Après les gelées, il faut débutter l'artichaut, sans quoi il pourrirait.

ASPERGES

L'asperge est une plante indigène de la famille des asparaginées.

La meilleure variété à cultiver est l'asperge hâtive d'Argenteuil.

Cette plante se reproduit par graines qui mûrissent à l'automne.

La meilleure se trouve sur les pieds qui en ont le moins, on la récolte, puis on met les petites baies dans un vase avec de l'eau, pour faire pourrir la pulpe, puis on sépare la graine de cette pulpe.

Le meilleur plant est celui d'un an non couronné.

Pour faire la plantation, on se sert d'un rayonneur et on trace des lignes tous les mètres 50 centimètres et à l'intersection des lignes, on enlève une béchée de terre que l'on remplace par de bon terreau, on dépose les griffes et on recouvre de terreau.

Pendant les trois premières années, pendant lesquelles les asperges ne donnent pas, les interlignes sont utilisées par des plantations de pommes de terre, de haricots ou de choux.

La quatrième année, on plante, après la récolte des asperges, des choux.

CULTURE D'ÉTÉ D'ASPERGES

Vers la fin du mois de juin, lorsqu'on a fini de cueillir les asperges, on crochète entre les lignes et on met 0 m. 03 de fumier de cheval ou de vache et mieux encore des gadoues, on butte pour faire des billons entre les lignes. Là où étaient les buttes on ajoute au fumier un peu de sel.

Tous les 0 m. 40 on ôte une béchée de terre qu'on remplira par du terreau ; on y met un chou-fleur, on attache les tiges d'asperge et on les pince.

Culture automnale. — Au mois de novembre on coupe les tiges d'asperge avec des cisailles ; on crochète autour de la tige et on fume avec du terreau, des gadoues ou du fumier de composé ; on en met une épaisseur de 0 m. 02 à 0 m. 03 ; on crochète ensuite profondément et l'on fume en couverture.

Culture de printemps. — On doit butter pour avoir un produit meilleur, et si l'on peut mettre des engrais liquides et des gadoues on obtiendra de forts rendements.

JARDIN D'AGRÉMENT

Pour tout habitant de la campagne, il est agréable d'avoir un jardin où l'on cultive quelques fleurs et où l'on puisse se retirer pour y trouver un délassement.

Les plantes qui devront entrer dans l'ornementation du jardin devront être des fleurs rustiques et ne demandant pas de grands soins.

Voici comment pourrait être aménagé le jardin.

Devant la maison une ellipse de fleurs entourée d'une bordure de lierre. Pelouse de gazon sur laquelle on dispose des massifs de façon à ce que de la maison on les voie tous. Les bâtiments affectés aux communs devront être cachés par des bouquets d'arbres.

PLANTATION DE POMMIERS

Dans ces temps où la vigne souffre beaucoup et diminue d'année en année, on se voit obligé de remplacer le vin par le cidre, et pour obtenir cette délicieuse boisson il faut planter des pommiers.

A la ferme du Becquet, il existe derrière les bâtiments un grand verger planté de pommiers et plantés à 15 mètres de distance les uns des autres. Dans les herbages, on en a planté beaucoup depuis trois ans ; ils sont mis en lignes le long des champs.

Voici comme l'on doit opérer:

Choix des arbres. — On prend un arbre sur lequel on a greffé un intermédiaire deux ans après sa plantation ; trois ou quatre ans après on a greffé la variété voulue à 2 m. 30 du collet.

Ne nous arrêtons pas à une belle écorce luisante qui brillerait au soleil, mais à une écorce un peu coriace ayant même un peu de mousse, il doit avoir de 0 m. 04 à 0 m. 09 de circonférence.

L'arbre n'aura dû recevoir qu'une greffe et avoir au moins deux ans pour la greffe, les branches devront être pendantes.

On s'assure qu'il n'a pas souffert en faisant une incision à l'écorce ; si l'épiderme est vert, si les racines sont vives, l'arbre est vigoureux.

Habillage. — On coupe les racines mutilées, inutiles ou mortes de manière à ce que la plaie soit au bas contre le sol, et on coupe les rameaux pour leur donner une forme de gobelet et on le plante dans un trou qui devait être creusé six semaines avant, puis rebouché.

Pour planter les arbres en bordure, on laisse une bande de terrain de 12 mètres le long des chemins sans la cultiver à la charrue, et l'on plante les arbres au milieu, c'est-à-dire 6 mètres du chemin et les arbres sont à 13 mètres les uns des autres.

On les arme au moyen d'armures en fer (système Gourguechon).

LE RUCHER

Quelle est la personne qui ne peut avoir de ces industrieux animaux, qui ne demandent aucuns soins et qui travaillent si laborieusement pour nous donner un mets si délicat et si estimé ? Tous les fermiers devraient en avoir dans leurs exploitations.

Le rucher de la ferme du Becquet est assez grand, mais grâce au peu de soins qu'on lui a prodigués jusqu'ici, les abeilles ont fini par les ruches et grâce aussi à la coutume barbare qui détruit les essaims pour s'emparer du miel, le rucher ne contient que quelques ruches peu peuplées ; on en compte cinq à mon entrée.

Mais grâce à quelques soins les abeilles multipliront et bientôt le rucher s'élevera à 25 ou 30 ruches.

Les ruches du pays ne sont pas à calottes; elles seront remplacées par des ruches à calottes dont on peut extraire facilement le miel sans asphyxier les abeilles.

COMPTABILITÉ

Nul ne peut savoir ce qui se passe dans ses opérations s'ils n'ont pas de comptabilité, et l'on peut définir la tenue des livres, autrement dite la comptabilité : l'art de tenir avec ordre et méthode les écritures de ses opérations.

La plupart des petits cultivateurs n'ont pas de livres et ne tiennent aucune écriture sérieuse de leurs affaires ; c'est un malheur pour eux, car la comptabilité introduit l'ordre dans les résultats et en tire des lumières pour l'avenir. Il en résulte que les cultivateurs privés d'écritures montent au hasard dans leurs opérations et ne peuvent se rendre aucun compte de ce qu'ils font.

On distingue plusieurs méthodes pour tenir les livres.

La comptabilité en partie double qui est assez difficile et ne peut souvent être employée pour le cultivateur. La comptabilité en partie simple est plus usitée.

Voici les registres qu'on doit avoir dans une exploitation pour la tenue des livres.

1. Livre des Inventaires ;
2. Brouillard ;
3. Journal ;
4. Grand livre ;

L'Inventaire est l'estimation en argent de tout ce que le cultivateur emploie à l'exploitation du domaine.

Il est la première et la plus importante opération de la comptabilité agricole. Il peut rigoureusement suffire pour établir la comp-

28

tabilité et l'état financier du cultivateur, à la fin de l'exercice de l'année agricole.

Quelle que soit l'utilité d'un inventaire régulièrement bien fait, nous devons dire qu'il ne suffit pas, car il ne donne aucun indice sur les opérations qui ont mis le cultivateur en gain ou en perte.

L'Inventaire comprend deux parties : l'actif et le passif.

Le Brouillard est un registre sur lequel on inscrit, à la suite et à mesure qu'elles se produisent, toutes les opérations qui ont lieu dans l'exploitation : Ventes, achats, payements, recettes, nourriture, travaux des attelages, etc., etc.

L'Inventaire se compose pour chaque paie, d'une colonne à gauche pour le mois et la date, de trois grandes colonnes à droite ; la première pour la désignation, la deuxième pour le débit, la troisième pour le crédit.

Le Journal est le principal livre de la comptabilité. Il peut remplacer tous les autres, il donne la situation exacte du cultivateur, et se compose de tableaux ouverts à chaque branche de l'exploitatation.

Le Grand livre est le registre sur lequel sont réunis les articles du journal classés et portés au compte dont ils dépendent.

COMPTE DE CULTURE

PREMIÈRE SOLE

BETTERAVES — 7 HECTARES

DÉBIT	FRANCS	CENT.	CRÉDIT	FRANCS	CENT.
Loyer à 80 fr. l'hectare.	560	»	45.000 kilogr. de bettera-		
Impôt 1/10	56	»	ves à 16 fr. les 1.000 k.	5.040	»
Fumier 60.000 kilogr. à			5.000 kilogr. de feuilles		
10 fr. les 1.000 kilogr.			comme engrais à 10 fr.		
Transport, épandage			les 1 000 kilogr. . . .	50	»
compris, 22.500 kilogr.					
au compte de la bet-			TOTAL. . .	5.090	»
terave.	1.570	»			
1 Labour de défoncement.					
à 40 fr. l'hectare (7). .	280	»			
1 Labour ordinaire à					
24 fr. l'hectare. . . .	168	»			
2 hersages à 3 fr. l'un.	42	»			
1 roulage à 2 fr.	14	»			
Semence 20 kilogr. à					
2 fr. 50 l'un.	350	»			
Frais de semence à 3 fr.					
l'un	21	»	BALANCE		
1 Hersage à 3 fr.	21	»			
1 Roulage à 2 fr.	14	»	TOTAL DU PRODUIT . .	5.090	»
Sarclage, démariage, bi-					
nage (3) à 70 fr . . .	490	»	TOTAL DES DÉPENSES.	4.058	»
Arrachage, décolletage,					
ensilage à 40 fr. l'hec-			*Différence.* . .	1.018	»
tare	280	»			
Intérêt à 5 0/0 du capital			Bénéfice net.	1.018	»
engagé	192	»	soit par hectare :		
Total. . .	4.058	»	2.350 20 : 7 =	145	»

PREMIÈRE SOLE

CAROTTES — 2 HECTARES

DÉBIT	FRANCS	CENT.	CRÉDIT	FRANCS	CENT.
Loyer à 80 fr. l'hectare (2)	160	»	30.000 kilogr. à l'hect. à		
Impôt 1/10	16	»	18 fr. les 1 000 kilogr.	1.200	»
Fumier 40.000 kilogr.,			18.000 kilogr. de feuilles		
à 10 fr. les 1.000 kil.			à 5 fr. les 1.000 kilogr.	90	»
Transport et épanda-					
ges compris, les 7/10 à			TOTAL . . .	1.290	»
la charge de la carotte.	533	»			
Un labour de défonce-					
ment à 40 fr.	80	»			
Un labour ordinaire à					
24 fr	24	»			
2 hersages à 3 fr. l'un .	6	»			
1 roulage à 2 fr. l'un. .	2	»			
Semence 15 kilogr. à					
2 fr. 40 le kilogr . . .	72	»			
Frais de semence à 3 fr.					
l'hectare	6	»			
Hersage et roulage. . .	10	»			
Sarclage, démariage, bi-					
nage, à 80 fr. l'hec-			BALANCE		
tare	160	»			
Arrachage, décolletage,			TOTAL DU PRODUIT. . . .	1.290	»
ensillage à 40 l'hec-			TOTAL DES DÉPENSES. . .	1.112	»
tare	80	»			
Intérêt à 5 0/0 du capital			*Différence.* . .	178	»
engagé	57	»	Bénéfice net.	178	»
TOTAL . . .	1.112	»	soit par hectare 178 : 2 =	89	»

PREMIÈRE SOLE

POMMES DE TERRE — 2 HECTARES 50 ARES

DÉBIT	FRANCS	CENT.	CRÉDIT	FRANCS	CENT.
Loyer 2 hectares 1/2 à 80 fr. l'un	200	»	250 hectolitres à 4 fr. l'hectolitre	1.000	»
Impôt 1/10	21	»			
40.000 kilogr. de fumier à 10 fr. les 1.000 kil. y compris les frais de transport et d'épandage 1.000. la 1/2 à la charge de la pomme de terre	200	»			
Un labour de défoncement à 40 fr. l'un . . .	100	»			
Un hersage à 3 fr. l'un pour 2 hectares 1/2. .	15	»			
Un labour pour la plantation	60	»			
Tubercules pour la plantation, 25 hectolitres à 5 l'un	125	»			
1 Buttage à 5 fr. l'hect.	12	50			
Plantation à 10 fr. l'hec.	25	»	BALANCE		
Arrachage, transport à la ferme et emmagasinages.	100	»	TOTAL DU PRODUIT . .	1.000	»
2 Binage à 20 l'un. . . .	50	»	TOTAL DES DÉPENSES.	953	50
Intérêt à 5 0/0 du capital engagé	45	»	*Différence.* . .	47	50
			Bénéfice net	47	50
Total. . .	953	50	soit par hectare. . . .	23	50

DEUXIÈME SOLE

BLÉ — 16 HECTARES

DÉBIT	FRANCS	CENT.	CRÉDIT	FRANCS	CENT.
Loyer 16 hectares à 80 fr. l'un font	1.280	»	20 hectolitres à l'hectare à 18 fr. l'un = 20 × 16 = 320 × 18 =	5.760	»
Impôt le 1/10.	128	»			
Fumier 12.000 kilogr. absorbé par le blé à à 10 f., les 1.000 kil. transport epandage compris.	1.920	»	5.000 kilogr. de paille à 38 fr. les 1.000 kilogr. = 5.000 × 16 = 80.000 à 38 fr. font 3.040 fr. ci	3.040	»
2 Labours à 24 l'un. . .	768	»	TOTAL. . .	8.800	»
2 Hersages à 3 fr. l'hectare	96	»			
Semence 3 hectolitres à 30 fr. l'un.	1.440	»			
Frais de semence, 5 fr. l'hectolitre	180	»			
1 Hersage à 3 fr. l'hectare	48	»			
1 Hersage de printemps à 3 fr.	48	»			
1 Roulage de printemps à 2 fr.	32	»			
Sarclage, échardonnage à 3 fr	48	»			
6 journées de moissonneurs à 10 fr	60	»	BALANCE		
Amortissement et entretien de la machine. .	120	»	TOTAL DU PRODUIT	8.800	»
Bottelage, liens, transport, emmagasinage. .	900	»	TOTAL DES DÉPENSES. . .	8.345	40
Battage, nettoyage du grain à la machine. .	680	»	*Différence.* . . .	455	60
Frais imprévus	200	»	Bénéfice net.	454	60
Intérêts de 7.948 à 5 0/0.	397	40	Soit par hectare :		
TOTAL. . .	8.345	40	$\frac{454 \text{ fr. } 60}{16} = 28 \text{ fr. } 41$		

DEUXIÈME SOLE

SEIGLE — 2 HECTARES 50 ARES

DÉBIT	FRANCS	CENT.	CRÉDIT	FRANCS	CENT.
Loyer 2 hectares 50 ares à 80 fr. l'un.	200	»	22 hectolitres à l'hectare. à 15 fr. l'hectolitre 22 × 2. 5 = 55 × 15 fr.	825	»
Impôt 1/10	20	»	8.750 kilogr. de paille à 62 fr. les 1.000 kilogr.	542	50
Fumier 10.000 kilogr. absorbés par la récolte à 10 fr. les 1.000 kil. transport et épandage compris.	250	»	Total. . .	1.367	54
2 Labours à 24 l'un pour 2 1/2	120	»			
1 Hersage à 3 fr. l'un. .	7	50			
Semence, 3 hectolitres à 18 fr. l'un.	135	»			
Frais de semence 3 fr. l'hectare	7	50			
Hersage, 3 fr. l'hectare .	7	50			
Sarclage	7	50			
1 Journée de moissonneuse	10	»	BALANCE		
Bottelage et valeur des liens, transport et enmagasinage	430	»	Total du produit. . . .	1.367	50
Battage au fléau et nettoyage du grain . . .	60	»	Total des dépenses . .	1.317	75
Intérêts de 1.255 fr. à 5 0/0	62	75	Différence. . . .	49	75
			Bénéfice net.	49	75
Total. . .	1.317	75	soit par hectare : 49 fr. 75 : 2 5 = 19 fr. 90 par hectare.		

TROISIÈME SOLE

ORGE — 2 HECTARES 50 ARES

DÉBIT	FRANCS	CENT.	CRÉDIT	FRANCS	CENT.
Loyer 2 hectares 1/2 à 80 fr. l'un.	200	»	26 hectolitres à 13 fr. 50 l'un, 26 × 2,5 = 65 × 13 fr. 50 =	877	50
Impôt.	20	»	9.000 kilogr. de paille à 35 fr. les 1.000 kilogr. font.	315	»
Fumier 10.000 kilogr. transport épandage compris à 10 fr. les 1.000 kilogr.	250	»	TOTAL. . .	1.192	50
1 Labour à 24 fr	60	»			
Semence, 3 hectolitres à 15 fr.	120	»			
Frais de semence, 3 fr. l'hectare	7	50			
Hersage à 3 fr. l'hectare.	7	50			
1 Roulage à 2 fr. l'hectare.	5	»			
1 Journée de moissonneuse.	10	»			
Amortissement et entretien de la machine .	20	»	BALANCE		
Bottelage, liens, transport, enmagasinage. .	200	»	TOTAL DU PRODUIT . . .	1.192	50
Battage, nettoyage des grains.	175	»	TOTAL DES DÉPENSES . .	1.128	75
Intérêts de 1.075 fr. à 5 0/0.	53	75	Différence. . . .	63	75
TOTAL. . .	1.128	75	Bénéfice net.	63	75
			Soit par hectare : 63 fr. 75 : 2 5 = 25 fr. 50 par hectare.		

TROISIÈME ET SEPTIÈME SOLE

AVOINE — 13 HECTARES 50 ARES

DÉBIT	FRANCS	CENT.	CRÉDIT	FRANCS	CENT.
Loyer, 13 hectares 1/2 à 80 francs l'un.	1.080	»	35 hectolitres à l'hectare à 9 fr. l'un, 35 × 9 fr. × 13 hectares 50 ares font.	4.252	50
Impôt 1/10.	108	»	48.500 kilogr. de paille à 38 fr. les 1.000 kil.	1.843	»
Fumier, 10.000 kilogr. à 10 fr. les 1.000 kil. .	1.400	»			
2 labours à 24 fr. l'un.	324	»	TOTAL. . . .	6.095	50
1 hersage à 3 fr. l'hect.	40	50			
Semence, 3 hectolitres à 12 fr. l'un.	486	»			
Frais de semence, 3 fr. l'hectare	40	50			
1 hersage à 3 f. l'hectare.	40	50			
1 roulage à 2 f. l'hectare.	27	»			
Fauchage et amortissement de la machine. .	100	»	BALANCE		
Bottelage, transport et emmagasinage	700	»	TOTAL DU PRODUIT . . .	6.095	50
Battage et nettoyage du grain.	350	»	TOTAL DES DÉPENSES.	5.025	80
Frais imprévus.	90	»	*Différence.*	1.069	70
Intérêts de 4.786 fr. 50 5 0/0	239	30	Bénéfice.	1.069	70
TOTAL. . . .	5.025	80	Soit par hectare : 1.069 fr. 70 : 135 = 77 fr.		

QUATRIÈME, CINQUIÈME ET SIXIÈME SOLE

COMPTE DES PRAIRIES ARTIFICIELLES — 34 HECTARES ET DEMI

DÉBIT	FRANCS	CENT.	CRÉDIT	FRANCS	CENT.
Loyer.	2.769	»	6.000 kil. à l'hectare		
Impôt.	276	»	6.000 × 34 1 2 = 207.000		
1 Labour	828	»	à 70 fr. le 1.000. . .	14.490	»
Fumier 8.000 kilog. à 10 fr. le 1.000, transport et épandage compris.	2.820	»			
1 hersage à l'hectare. .	103	50			
Semence 30 kil. à 2 fr. le kil. : 30 × 345 = 1.035 × 2.	2.070	»			
Frais à 3 fr. l'hectare. .	103	50			
1 hersage à 3 fr. l'hect.	103	50			
1 roulage à 2 fr. l'hect.	69	»			
1 hersage annuel à 3 fr. l'hectare.	103	50			
Épandage des taupinières 3 fr. par hectare.	103	50			
Fauchage à la machine, amortissement et entretien.	350	»	BALANCE		
Bottelage et mise en meules	530	»	TOTAL DU PRODUIT . . .	14.490	»
Bottelage.	509	»	TOTAL DES DÉPENSES.	11.623	50
Transport et emmagasinage.	345	»	*Différence.* . . .	2.867	50
Intérêt des capitaux avancés.	550	»	Bénéfice net	2.867	50
TOTAL.	11.623	50	Soit par hectare :	84	31

PRAIRIES NATURELLES

98 HECTARES

DÉBIT	FRANCS	CENT.	CRÉDIT	FRANCS	CENT.
Loyer 130 fr. l'hectare.	12.740	»	5.500 kilogr. à l'hectare.		
Impôt	1.274	»	5.500 h. × 98 m. =		
Compost à 120 fr. l'hec-			539.000 kilogr. à 70 fr.		
tare	11.760	»	les 1.000 kilgr.	37.730	»
2 Hersages à 4 fr. l'hec-					
tare	784	»			
Epandage des taupiniè-					
res 3 fr. l'hectare.	294	»			
Entretien des fossés d'ir-					
rigation à 30 fr. l'hec-					
tare	2.740	»	BALANCE		
Sarclage à 3 fr. l'hec-					
tare	294	»	TOTAL DU PRODUIT . . . 37.730		»
Frais imprévus.	300	»	TOTAL DES DÉPENSES . . 31.794		»
Intérêts des capitaux			*Différence.* 5.936		»
avancés	1.508	»	Bénéfice net. 5.936		»
			Soit par hectare :		
TOTAL . . .	31.794	»	5.936 fr. : 98 =	60	57

COMPTE DES BOIS

100 HECTARES

DÉBIT	FRANCS	CENT.	CRÉDIT	FRANCS	CENT.
Loyer, 60 fr. l'hectare. .	6.000	»	29.000 fagots à 42 fr.		
Impôt	600	»	le 100.	12.180	»
Nettoyage des taillis. .	1.500	»	35 arbres à 18 fr. pièce.	700	»
Entretien des chemins.	300	»			
Exploitation, frais reportés sur 20 années.	1.800	»	TOTAL. . . .	12.880	»
Divers.	1.000	»	**BALANCE**		
Intérêt du capital avancé.	560	»	TOTAL DU PRODUIT . . .	12.880	»
			TOTAL DES DÉPENSES . .	11.760	»
TOTAL. . .	11.760	»	*Différence.* . . .	1.120	»
			Bénéfice net.	1.120	»
			Soit par hectare : $\frac{1120}{100} = 11$ fr. 20		

COMPTE DU JARDIN FRUITIER

30 ARES

DÉBIT	FRANCS	CENT.	CRÉDIT	FRANCS	CENT.
Loyer	37	50	7.500 pommes à 5 cent. pièce	375	»
Impôt	3	75	2.000 poires à 20 cent. pièce	400	»
Engrais	260	»	200 pêches à 25 cent. pièce	50	»
Amortissement des frais de création	250	»	Groseilles, cerises, fraises	500	»
Culture, taille	240	»			
Amortissement du matériel	25	»			
Divers	20	»	Total . . .	1.325	»
Intérêt des capitaux avancés	41	»			
Total . . .	877	50	BALANCE		
			Total du produit	1.325	»
			Total des dépenses . .	877	50
			Différence	447	50
			Bénéfice net	447	50

COMPTE DU JARDIN POTAGER

50 ARES

DÉBIT	FRANCS	CENT.	CRÉDIT	FRANCS	CENT.
Loyer	40	»	Pommes de terre, 32 hec-		
Impôt	4	»	tolitres à 8 fr. l'hect.	256	»
Fumier	600	»	Choux, 2.500 têtes à 10 c.	250	»
Culture	400	»	Salades. 7.000 pommes		
Amortissement du ma-			à 3 cent.	210	»
tériel	60	»	Poireaux, carottes. . .	60	»
Graines	100	»	Pois, fèves, haricots. . .	250	»
Intérêt du capital avan-			Radis, épinard, raves. .	150	»
cé.	60	»	Produits divers.	150	»
TOTAL. . .	1.264	»	TOTAL. . .	1.326	»
			BALANCE		
			TOTAL DU PRODUIT . . .	1.326	»
			TOTAL DES DÉPENSES . . .	1.264	»
			Différence. . . .	62	»
			Bénéfice net 62 fr. . . .	62	»

COMPTE DES ASPERGES

15 ARES

DÉBIT	FRANCS	CENT.	CRÉDIT	FRANCS	CENT.
Loyer	15	»	500 bottes d'asperges à		
Impôt . . . . . , ...	1	50	1 fr. 20 la botte. . . .	150	»
Engrais	30	»	2 hectolitres de haricots		
Amortissement des frais			à 30 fr. l'hectolitre. .	60	»
de création.	45	»	Choux-fleurs	50	»
Culture et entretien . .	50	»			
Divers.	25	»	TOTAL.. .	260	»
Intérêts des capitaux					
avancés.	7	50	BALANCE		
TOTAL. . .	174	»	TOTAL DU PRODUIT. . .	260	»
			TOTAL DES DÉPENSES . .	174	»
			Différence. . . .	86	»
			Bénéfice net 85.	86	»

COMPTE DES ARTICHAUTS

25 ARES

DÉBIT	FRANCS	CENT.	CRÉDIT	FRANCS	CENT.
Loyer	20	»	8.000 têtes d'artichaut à		
Impôt	2	»	5 cent.	400	»
Fumier	135	»	2.000 têtes d'artichaut à		
Amortissement des frais			10 cent.	200	»
de création.	45	»			
Culture et entretien. . .	180	»	Total. . .	600	»
Divers.	30	»			
Intérêts des capitaux			BALANCE		
avancés.	20	»	Total du produit . . .	600	»
Total. . .	432	»	Total des dépenses . .	432	»
			Différence. . . .	168	»
			Bénéfice net 168 fr. . .	168	»

COMPTE DU MÉNAGE

Débit ou provisions	FRANCS	CENT.		FRANCS	CENT.
80 hectolitres de blé à 20 fr. l'hectolitre. . .	1.600	»	80 hectolitres de blé à 20 fr. l'hectolitre. . .	1.600	»
900 kilogr. de viande à 1 fr. 20 le kilogr. . .	1.080	»	900 kilogr. de viande à 1 fr. 20 le kilogr. . .	1.080	»
Pommes de terre, légumes.	800	»	Pommes de terre, légumes.	800	»
80 hectolitres de cidre à 12 fr. l'hectolitre. . .	960	»	80 hectolitres de cidre à 12 fr. l'hectolitre. . .	960	»
Huile, graisse, etc. . .	200	»	Huile, graisse, etc. . .	200	»
Chauffage, éclairage. .	300	»	Chauffage, éclairage. .	300	»
Entretien de la maison, assurances	600	»	Entretien de la maison, assurances	600	»
Dépenses imprévues. .	150	»	Dépenses imprévues. .	150	»
TOTAL. . .	5.790	»	TOTAL. . .	5.790	

BALANCE

TOTAL DU PRODUIT . . .	5.790	»
TOTAL DES DÉPENSES . .	5.790	
Différence. . . .	»»	

30

RÉCAPITULATION DES COMPTES DE CULTURE

DÉBIT	FRANCS	CENT.	CRÉDIT	FRANCS	CENT.
Betteraves.	2.739	80	Betteraves	3.000	»
Carottes.	964	»	Carottes.	1.290	»
Pommes de terre. . . .	953	50	Pommes de terre. . . .	1.000	»
Blé	8.345	»	Blé	8.890	»
Seigle	1.317	75	Seigle	1.367	50
Orge.	1.128	75	Orge.	1.192	50
Avoine.	5.025	80	Avoine	6.095	50
Prairies artificielles. .	11.623	50	Prairies artificielles. .	14.490	»
Prairies naturelles. .	31.794	»	Prairies naturelles. .	37.730	»
Bois.	11.760	»	Bois.	12.880	»
Jardin fruitier.	877	50	Jardin fruitier.	1.325	»
Jardin	1.264	»	Jardin potager. . . .	1.326	»
Asperges	174	»	Asperges	260	»
Artichauts.	432	»	Artichauts	600	»
Ménage	5.790	»	Ménage	5.790	»
TOTAL. . .	84.188	60	TOTAL. . .	99.236	50

BALANCE

TOTAL DU PRODUIT . . . 99.236 50
TOTAL DES DÉPENSES . . 84.188 60

Différence. . . . 15.047 90

Bénéfice net. 15.047 90

COMPTE DE L'ÉCURIE

12 CHEVAUX

DÉBIT	FRANCS	CENT.	CRÉDIT	FRANCS	CENT.
Foin, 96 kilogr. par jour à 70 fr. le 1.000 pour 365 jours.	2.452	»	Quatre poulains en moyenne à un an 400 fr.	1.600	»
Paille, 36 kilogr. par jour à 38 fr. le 1.000 pour 365 jours. . . .	500	»			
Avoine, 48 kilogr. à 18 fr. les 100 kilogr. pour 365 jours.	3.151	»			
Son, recoupes, divers. .	440	»			
Paille, litière compensées par le fumier. Amortissement du prix d'achat des chevaux (8.050 répartis sur dix ans)	805	»			
Harnais, amortissement du prix d'achat, entretien	360	»			
Vétérinaire	50	»	BALANCE		
Risques pour accidents, primes d'assurances.	100	»	Total du produit. . . .	10.717	»
Ferrure à 16 fr. par tête	192	»	Total des dépenses . .	1.600	»
Eclairage	3	»	*Différence.* . . .	9.117	»
Impôt à 12 fr. par cheval	144	»	Soit une dépense annuelle de 9.117 ou 9.117 : 12 = 759 fr. 75 par cheval. . . . , .		
Frais de saillie. . . .	100	»	Si les chevaux travaillent 220 jours, la journée revient		
Amortissement des bâtiments, impôts	50	»	$\frac{759 \text{ fr. } 75}{220} = 3 \text{ fr. } 45$ ou		
Amortissement du matériel	320	»	pour un attelage de deux chevaux 6 fr. 90.		
2 Charretiers { gages. .	1.000	»			
{ nourriture .	1.050	»			
Total. . .	10.717				

COMPTE DE BOUVERIE

8 BŒUFS

DÉBIT	FRANCS	CENT.	CRÉDIT	FRANCS	CENT.
Foin 13 k. ou équivalent : $13 \times 8 = 104$ kilogr. $\times 365 = 37.960$ . . .	2.660	»	Mes bœufs travaillant peu sont toujours en chair et peuvent être vendus à la fin de l'année avec un bénéfice de 40 fr. par bœuf. . .	5.120	»
Achat de 8 bœufs à 600 fr. pièce, intérêt de cette somme	5.000	»			
Vétérinaire, ferrure. . .	160	»			
Risques et assurances.	105	»			
Harnachement.	22	»	BALANCE		
Amortissement des instruments	200	»	TOTAL DES DÉPENSES . .	9.495	»
Eclairage	15	»	TOTAL DU PRODUIT. . . .	5.120	»
1 Bouvier gages. . . .	450	»			
1 Bouvier nourriture .	550	»	*Différence.*	4.375	»
Impôt	8	»	Soit une dépense annuelle de 4.375 fr. : 8 $= 546$ fr. 875 par bœuf.		
Amortissement du prix des bâtiments.	18	»			
TOTAL. . .	9.495	»	Le prix de la journée du bœuf est de $\frac{546 \text{ fr. } 87}{265} = 2.$ fr 06 Et pour 4 bœufs $2.06 \times 4 = 8$ fr. 24.		

RÉCAPITULATION DU COMPTE DES ANIMAUX

DE TRAVAIL

DÉBIT	FRANCS	CENT.	CRÉDIT	FRANCS	CENT.
Chevaux.	10.717	»	Chevaux	1.600	»
Bœufs.	9.495	»	Bœufs.	5.120	»
Total. . .	20.212	»	Total . . .	6.620	»
			BALANCE		
			Total des dépenses. . .	2.042	»
			Total du produit . . .	6.620	»
			Différence. . . .	13.592	»
			Perte 13,592 comptés dans les cultures et qu'on ne doit pas faire entrer dans le bilan.		

COMPTE DE LA VACHERIE

5 VACHES

DÉBIT	FRANCS	CENT.	CRÉDIT	FRANCS	CENT.
Pâturage de 3 hectares.	70	»	14,000 litres de lait à 0, 20	2.800	»
Nourriture à l'étable. .	600	»	Vente de 3 veaux gras		
Achat de 5 vaches à 400 et intérêts	2.100	»	à 100 fr.	300	»
Vétérinaire	15	»	Total . . .	3.100	»
Assurance.	5	»			
Éclairage.	2	»			
Amortissement du matériel d'étable et de laiterie	50	»	BALANCE		
Amortissement des bâtiments	5	»	Total du produit. . . .	3.100	»
Impôt	6	»	Total des dépenses . .	2.903	»
Gages du bouvier. . . .	50	»	Différence. . . .	197	»
Total . . .	2.903	»	Bénéfice net soit par vache 39 fr. 4	197	»

COMPTE DES BŒUFS DE POUTURE

90 PAR AN

DÉBIT	FRANCS	CENT.	CRÉDIT	FRACNS	CENT.
16 kilogr. de foin ou l'équivalent: 16 × 365 = 5.840 × 30 = 175.000 à 70 fr. le 100	12.320	»	90 bœufs à 680 fr. . . .	61.200	»
			Fumier à 65 fr. par bœuf 65 × 90. . . .	5.850	»
			TOTAL. . .	67.050	»
Prix d'achat de 90 bœufs à 500 fr.	45.000	»			
Vétérinaire	»»	»	BALANCE		
Risques et assurances. .	»»	»	TOTAL DU PRODUIT. . . .	67.050	»
Eclairage	»»	»	TOTAL DES DÉPENSES .	62.370	»
2 Bouviers { gages, une part . . .	450	»	Différence. . . .	4.680	»
{ nourriture, une part .	640	»	Bénéfice net.	4.680	»
Amortissement des bâtiments du mobilier et entretien	300	»	Soit par bœuf 52 fr. .	»»	»
Intérêt du capital avancé.	2.950	»			
TOTAL. . .	62.370	»			

COMPTE DES BŒUFS ENGRAISSÉS A LA PATURE

98 HECTARES

DÉBIT	FRANCS	CENT.	CRÉDIT	FRANCS	CENT.
Nourriture au pâturage 120 fr. par hectare.	11.760	»	150 bœufs à 680 fr. . .	102.000	»
Prix d'achat de 150 bœufs à 500 fr. . . .	7.500	»	BALANCE		
Vétérinaire	200	»	TOTAL DU PRODUIT . . .	102.000	»
Risques et assurances.	450	»	TOTAL DES DÉPENSES . .	94.002	»
2 Bouviers { gages (une part) . . .	450	»	Différence. . . .	7.998	»
nourriture, une part.	640	»	Bénéfice net.	7.998	»
Intérêt des capitaux avancés.	4.952	»	Soit par bœuf 53 fr. 32.	»	»
TOTAL. . .	94.002	»			

COMPTE DE LA PORCHERIE

DÉBIT	FRANCS	CENT.	CRÉDIT	FRANCS	CENT.
Pommes de terre	220	»	5 porcs à 190 fr. pièce.	950	»
Eaux grasses	»	»			
Son, recoupes, autres matières	400	»			
Une partie des gages de la servante	50	»	BALANCE		
De la nourriture	75	»			
Amortissement des bâti-			TOTAL DU PRODUIT. . . .	950	»
ments	5	»	TOTAL DES DÉPENSES . .	907	»
Achat de 5 porcs à 30 fr. et intérêt à 5 °/₀ . . .	157		_Différence._	43	»
TOTAL. . .	907	»	Bénéfice net	43	»

31

COMPTE DE LA BASSE-COUR

DÉBIT	FRANCS	CENT.	CRÉDIT	FRANCS	CENT.
Avec ce que les volailles trouvent on leur donne encore 50 hectolitres de criblures à 10 fr. l'hectolitre	500	»	200 poulets à 2 fr. . .	400	»
			30 pigeons à 0, 75 . . .	22	50
			35 canards à 2 fr. . . .	70	»
			20 oies à 7 fr.	140	»
Une partie des gages de la servante	25	»	30 lapins à 2 fr.	60	»
Amortissement des bâtiments et du matériel.	25	»	TOTAL . . .	692	50
Divers	100	»			
TOTAL . . .	650	»	BALANCE		
			TOTAL DU PRODUIT. . . .	692	50
			TOTAL DES DÉPENSES . .	650	»
			Différence. . . .	42	50
			Bénéfice net 42, 50. . .	42	50

COMPTE DU RUCHER

DÉBIT	FRANCS	CENT.	CRÉDIT	FRANCS	CENT.
Amortissement pour la construction du rucher.	20	»	200 kil. de miel à 1 fr. 70 le kilog.	340	»
27 ruches à calotte, entretien et amortissement.	35	»	50 kilog. de cire à 2 fr. le kilog.	100	»
Instruments pour la fabrication de la cire et du miel (amortissement et entretien) . .	30	»	Vente de 5 essaims à 5 fr.	25	»
Amortissement du prix d'achat des essaims.	30	»	TOTAL. . .	465	»
Soins à donner aux abeilles, fabrication du miel et de la cire.	125	»	BALANCE		
Divers.	50	»	TOTAL DU PRODUIT. . . .	465	»
			TOTAL DES DÉPENSES . .	290	»
TOTAL . . .	290	»	*Différence.*	175	»
			Bénéfice net	175	»

RÉCAPITULATION DU COMPTE DES ANIMAUX

DE VENTE

DÉBIT	FRANCS	CENT.	CRÉDIT	FRANCS	CENT.
Vacherie	2.093	»	Vacherie	3.100	»
Bœuf de pouture	62.370	»	Bœuf de pouture	67.050	»
Bœuf d'engrais à l'herbage	94.000	»	Bœuf d'engrais à l'herbage	102.000	»
Porcherie	907	»	Porcherie	950	»
Basse-cour	650	»	Basse-cour	692	50
Rucher	300	»	Rucher	465	»
TOTAL. . .	161.130	»	TOTAL. . .	174.257	50

BALANCE

Total du produit . . .	174.257	50
Total des dépenses . .	161.130	»
Différence . . .	13.127	50
Bénéfice net	13.127	50

BILAN

DÉBIT	FRANCS	CENT.	CRÉDIT	FRANCS	CENT.
Comptes de culture. . .	84.188	60	Comptes de culture. . .	99.236	50
Comptes d'animaux. . .	161.130	»	Comptes d'animaux. . .	174.257	50
Total. . .	245.218	60	Total. . .	273.494	00

BALANCE

Total du produit . . . 273.494 »
Total des dépenses . . 245.218 60

Différence. . . . 28.275 40

Bénéfice net 282 fr. 40.

Et pour 3 ans 84.826 fr. 20

RÉSULTAT

Après avoir essayé de démontrer le système de culture que j'ai adopté et après avoir essayé d'en faire connaître les avantages il me faut faire connaître le bénéfice que j'ai réalisé, ce qui est le but final que tout cultivateur se propose d'atteindre, car il ne suffit pas seulement d'améliorer sa terre et de travailler pour rien, il faut être utile à son pays en l'enrichissant.

La bénéfice que je fais n'est pas tres élevé, mais dans les temps que nous parcourons il ne faut pas chercher à en faire de grand, car c'est impossible, il faut se contenter de ne pas perdre et attendre patiemment que la crise agricole se passe et que l'agriculture plus protégée devienne florissante.

Le bénéfice annuel de ma ferme est de 28,275 fr. 40 ce qui fait pour 3 ans, temps qui n'est fixé dans le programme de ma these. 84826.20

CONCLUSION

C'est ici que j'arrête la rude tâche entreprise par un bien faible agriculteur commençant, n'ayant aucune expérience, mais je me suis cependant efforcé de répondre aussi exactement que possible aux questions qui m'ont été posées et cela je l'ai fait en me servant des leçons de mes professeurs, en compulsant les livres d'hommes éminents tels que : Mathieu de Dombasle Thoër, Heuze, Louis Gossin.

En adoptant le système de culture fourrager, ainsi que l'assolement de 7 ans, j'ai augmenté la quantité de nourriture qui me permet d'entretenir un bétail plus nombreux et grâce à lui d'améliorer mes terres.

La main d'œuvre étant chère j'ai diminué les cultures pour créer des herbages et planter en bois les terres trop mauvaises.

Il ne me reste plus qu'à travailler pour être utile à la société et me servir de ce que j'ai appris ; mais je ne dois pas me confier à seules lumières, il faut penser à celui qui régit tout ; en effet lorsque l'homme dirige son regard vers la surface de la terre, lorsqu'il contemple les multitudes d'êtres qui y sont répandus, avec profusion, quand il réfléchit aux traits de composition et d'organisation qui les caractérisent. les séparent ou les rapprochent les uns des autres. il se sent ému d'admiration et il ne peut s'empêcher de s'incliner devant la puissance et le génie de Dieu et de lui demander aide et protection pour son travail.

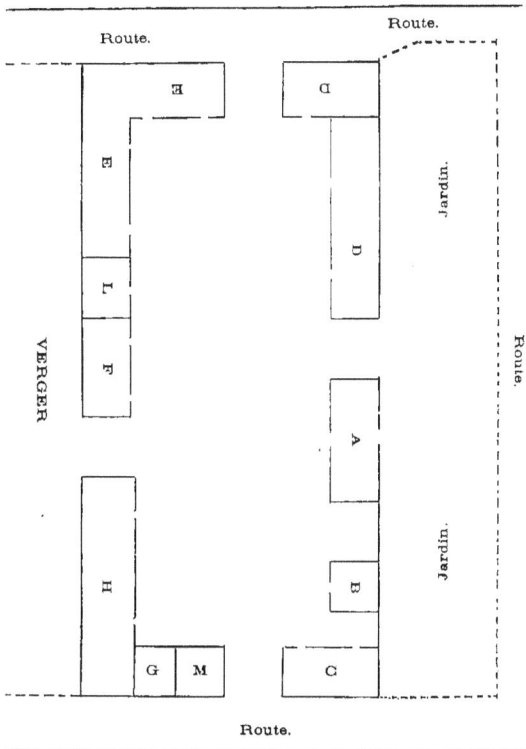

Route. Route.

Route.

VERGER

Jardin.

Jardin.

E
E
L
F

D
D
A
B

H
G   M
C

Route.

LÉGENDE

A   Maison d'habitation.   G   Poulailler.
B   Logement des ouvriers.   H   Granges.
C   Fournil, buanderie.   I   Mare.
D   Écurie.   K   Fosse à fumier.
E   Bouverie.   L   Porcherie.
F   Préparation des rations.   M   Magasin aux outils.

TABLE DES MATIÈRES

Imp. de la Soc. de Typ. - NOIZETTE, 8, r. Campagne-Première. Paris.

www.ingramcontent.com/pod-product-compliance
Lightning Source LLC
Chambersburg PA
CBHW072300210326
41519CB00057B/2099